用商業思維
優化你的人生選擇

BUSINESS THINKING

游舒帆 著

目錄

推薦序 1　科學做事，美學做人　　　　　　　　　　　　007
　　　　／吳家德

推薦序 2　持續探索人生，為所有人開設的人生必修課　　011
　　　　／黃昭瑛

前言　　用一年時間，為自己的將來重新定位　　　　　015

VALUE

Part 1　解碼自己，找尋意義感

Lesson 1　預想一年後的自己　　　　　　　　　　　　022
Lesson 2　找出我最重視的人生原則　　　　　　　　　028
Lesson 3　量化我的人生滿意度　　　　　　　　　　　038
Lesson 4　釐清適合我的關鍵字　　　　　　　　　　　044
Lesson 5　確立我的職場角色與家庭角色定位　　　　　052
Lesson 6　鎖定對象，確定我能創造的關鍵價值　　　　059

INVEST

Part 2　自我栽培，釋放潛力

Lesson 7	審視常態性支出與可支配所得	068
Lesson 8	增加額外收入的四個思考點	079
Lesson 9	設定我的收入成長計畫	086
Lesson 10	練習盤點並活用自己的資產	093
Lesson 11	時間與精力才是最重要的核心資產	101
Lesson 12	從八面向規劃我的目標與行動計畫	111

SHAPE

Part 3　定位自己，打造產品

Lesson 13	打造個人品牌，我的存在無可取代	124
Lesson 14	設定我的用戶，找出我想影響的對象	135
Lesson 15	分辨對方的口頭需求與真正期待	143
Lesson 16	為我的用戶撰寫「銷售提案」	155

| Lesson 17 | 運用最佳解決方案，實際達成用戶期望 | 164 |
| Lesson 18 | 聚焦於 1% 核心用戶的關鍵需求 | 171 |

IMPACT

Part 4 向世界呼喊，擴大影響力

Lesson 19	在能做、想做與市場需求中尋找交集	184
Lesson 20	籌辦產品發布會，發現我的潛在客戶	196
Lesson 21	勇於展現自己，擴大個人影響力	203
Lesson 22	挑選適合自己的圈子，加速建立人脈	212
Lesson 23	做對四件事，在圈內產生正面影響力	218
Lesson 24	懷抱助人之心，讓機會自然發生	227

OUTLOOK

Part 5 迎向未來，長線思考

| Lesson 25 | 將 20% 的資源用在投資未來 | 234 |

Lesson 26	增加個人選項與餘裕，給自己做決定的底氣	249
Lesson 27	適度安排休耕期，才能走更長遠的路	259
Lesson 28	學習重啟新局，果斷放下才能重新開始	271

NUTURE

Part 6 滋養自己，回歸內心平靜

Lesson 29	保留五種餘裕，替未來做準備	282
Lesson 30	內部歸因，專注於自己可控制的事	296
Lesson 31	被討厭的勇氣，不再當好人委屈自己	304
Lesson 32	寫一封信給一年後的自己	313

| 後記 | 讓經營自己成為一種習慣 | 317 |

> 推薦序 1

科學做事，美學做人

吳家德
NU PASTA 總經理、職場作家

　　2019 年秋天，我因為買了《商業思維》這本書，開始知道商業思維學院院長游舒帆這個人。基於「對人感興趣，生活很有趣」的交友哲學，我從臉書上，搜尋到舒帆的帳號，很有誠意地向他做自我介紹，經由小聊之後，我們成為臉友。

　　成為臉友之後，在臉書上閱讀舒帆的文章近半年，我發現，他的思考邏輯清晰；他的觀點價值連城；他的故事深具啟發，讓我頻頻按讚分享。總之，在我還沒有見過他之前，就覺得他非常有料，值得我學習。

　　而從「臉友」進階到「朋友」關係的那一步就是「見面」。很幸運地，因為我們同住台南，我們相約喝咖啡。我像極了一位記者，不斷地拋出問題問他，也不停地向他請益。果真，他見識廣闊，閱歷豐盛，回應得恰如其分，深得我心。這般美好的相見歡，為我們長久的友誼奠下深厚基礎。

這五、六年來我們常保聯繫,也成為更好的朋友。舉凡多次公益活動募款、請他幫大學生分享個人品牌講座,擔任我新書的與談嘉賓,他二話不說,都直接應允幫忙,讓我感恩至今。當然,我對他也稍有貢獻,除了擔任學院導師,開了幾堂職涯課程,也介紹幾位好友讓舒帆認識,這都是美事。總之,我們有來有往的良善互動,成為可以深交一輩子的好朋友。

　　人生是一條單行道,盡情過好每一天就是王道。話雖如此,生活中難免會有挫折與不如意需要克服。也因此,我們需要透過學習與成長來變得更好,也才能因應這個世界的巨大挑戰。舒帆這本書《用商業思維優化你的人生選擇》就是職場工作者面對未來變化的指導寶典。

　　一個人會變得越來越好,更加成熟有智慧,不是因為年紀變大,而是經歷磨難之後,找到重新出發的勇氣與決心。舒帆的職場資歷,非常值得我們借鏡。他具備技術與工程背景,開始在組織內部嶄露頭角,成為老闆喜愛的員工。他不因此而滿足,勇於冒險,挑戰自我,創辦商業思維學院,證明他具有創業家的格局與經營謀略。

　　在看似走在成功道路上,一切順風順水之際,老天竟冷不防地跟他開一個玩笑,讓他的身體遇到一些麻煩,迫使他按下暫停鍵,重新思考人生的重大排序。這個經歷,是我看到舒帆變得不凡的關鍵。試想,一個人遇到生死大事,都能從容面對,

自在處置,那爾後的人生,是不是更有餘裕去面對改變。

「科學做事,美學做人。」這句話是我演講時常常告訴聽眾的金句。舒帆這本好書,讀完之後,完全呼應我的觀念與想法。如果不想在職場上踩坑跌跤,也希望平衡自己的工作與生活,誠摯邀請你翻開這本好書,提升職場競爭力,讓人生變得更加美麗。

> 推薦序 2

持續探索人生，為所有人開設的人生必修課

黃昭瑛
《柔韌管理學》作者、第二人生實驗室創辦人

　　這本書不僅是人生的指導手冊工具書，更是人人都該上的人生必修課。

　　透過 Gipi 設計的步驟與工具，一步一步從個人價值觀開始探索，刻畫自己專屬的未來。書裡面的工具很齊全，就像是 CEO 管理公司一樣，有財務工具、設定目標與追蹤的工具，還有給自己加油打氣的各種提醒，讀完一遍就像是學習了一門人生規劃課程一樣。這堂課非常適合感性的人學習，可以更理智、更全面、更長期地做出人生好決策；也適合理智的人閱讀，藉由各章節的啟發，發揮更多屬於個人人生規劃的想像力，創造出屬於自己的人生指南。

　　Gipi 在寫書的過程中，剛好歷經了健康與事業的挑戰，所以這本書除了提煉出他人生經驗的晶體智力外，又多加上了一

些走過人生大事件的歷練心得。除了追尋商業思維的成功外，更著重在找出屬於個人的圓滿人生，甚至勝過社會所認定的成功。在書中「滋養自己、回歸內心平靜」的章節中，可以找到他建議的具體做法。為了幫助讀者在面對人生各項選擇時，能夠執行得更省力，書中還加碼篇幅，介紹屬於個人品牌的概念與長期的經營策略，這些也都是 Gipi 親自走過的路。我們身為讀者，可以在書中讀到他的摸索過程與歸納出的結論，並且系統性地學習。不僅能學到他如何發揮影響力，還能吸收他的私人撇步，真的是十分幸運啊！

最近 Gipi 也開了 Podcast，他一直在嘗試、學習新事物，每隔一陣子就可以從他的文字中，得知他最近又有什麼新點子、好想法，或者是實踐了什麼事。能夠一直保持著探索人生的熱情，真的是太不容易的事。大家可以先從這本書，有架構地理解他，除此之外，還能追蹤他的臉書、電子報或是 Podcast，看他如何將商業思維貫徹實踐在每一天的生活裡，活出更美好的人生。

關於這本書，我還想推薦你幾個必讀章節。

若你想重新思考自己人生的商業模式，可以從 Part3 這個章節開始，徹底通透地了解以使用者為中心的產品設計要如何打磨。底子打好，你的人生各種新計畫才會走得更穩。

若你想重新檢討並建構更健康的個人收入與財務狀況，不

妨熟讀 Part2 這個章節，從數字與財務報表出發，給予明確的參考方針。

若你希望人生走得穩固而長久，那麼在任何重大決策前，都要把 Part5 再看一遍再做決定，因為成功要能長期穩健才是真贏家。

若你某天起床後覺得人生迷茫，對眼前的事情都提不起勁，那麼最適合讀 Part1 這個章節，跟著做，試著重新找回自己。

即便認識多年，我讀起 Gipi 這本書還是覺得收穫連連，值得個人收藏也值得推薦給大家，在此，我要邀請大家一起透過這本寶典，追尋屬於個人的美好人生。

前言
用一年時間，
為自己的將來重新定位

　　這本書的起草始於 2022 年，但在 2022 年底，我罹患了癌症，需要緊急處理並即刻進入休息狀態，書的出版，也因此往後遞延。經過半年休養，我再次打開這本書的書稿，卻發現在大病一場後，有些想法已產生改變，但確切的改變是什麼，以及這些改變如何影響這本書，我仍需要一些時間沉澱與釐清。

　　時隔兩年，我花了許多時間思考，自己在經歷罹癌，加入另一家公司，離開後又再次投入創業，這些過程我到底想通了什麼，又收穫了什麼。我想將這些再次淬煉的人生經歷寫進這本書，也希望能幫助每個跟我過去一樣迷惘，努力在人生路上找尋方向的人。

　　在 2020 年，我創辦了商業思維學院，陪伴上千位學員度過一整年的學習。在年初時，我請大家花點時間好好思考自己的年度目標，提交一份作業，我再針對每個人繳交的目標給予回饋，並視需要給予一對一的討論與指導。過程中我收到了

400 多份年度目標設定，裡頭承載了 400 多個「希望成為更好的自己」的殷切期望。

我一個一個看，一個一個給予回饋。很多人會接著提問，也會表達他的想法，在這一來一回之間，我腦袋裡隱約察覺一些共通性的問題，但問題的種類始終太多，讓我難以歸類。

> 有些人很有能力，但卻沒有舞台；
> 有些人很有成就，但卻不知道自己為何而努力；
> 有些人步入中年，想要轉換跑道，但卻不知如何是好；
> 有些人困在原生家庭，認為這輩子大概就這樣了；
> 有些人處於低薪困境，而且看不見跳脫的可能；
> 有些人則是婚姻觸礁，想要讓自己更有能力，好挽回關係。

面對這些問題，我很有耐心地一個一個回覆，一整年下來，我回覆了數千個關於學習、職涯與人生的問題。

期間有學員問我：「院長，能不能開一堂課教我們如何過好這一生？」

我自認沒這樣的能力談這件事，因為就連我自己也還在摸索，對人生也還有許多的未知。但身為教育者，我還是希望除了一問一答外，能否有更具結構性的方法，來協助每個人解決人生遭遇的各種問題。

在思考這件事情時,我想到學院的 slogan:「一年時間,一起變強。」

這使我腦中閃過了一個想法:我沒法預料人生會怎麼樣,但如果我變得更強,變得更有目標感,更懂得如何在社會中存活,我獲得美好人生的機率是不是就大幅提升了?

我想答案是肯定的。

不過改變自己以及思考並解決人生問題,這些並不是三言兩語就能搞定,也不是聽完一堂課程就能達成,如果缺乏反思,沒有採取行動,人生仍不會有任何改變。這個問題對一個教育從業人員來說是再熟悉不過了,人人都有夢想,也都喊著想改變,卻總是缺乏動力與執行力。

加上學院在教導商業思維,我認為過好人生與經營一間公司有許多相似之處。

經營一家公司,得先確定公司在做什麼生意,產品是什麼,客戶是誰,如何為客戶創造價值;同時也得思考如何將生意做大,獲得更多客戶;還得考慮如何將生意做穩,好獲得更高的客戶滿意度。而最重要的是,在做好上面這些事情的同時,你還要想辦法平衡好公司的財務,做有利潤的生意,並將賺到的一部分錢投資在未來,讓公司得以長久發展。

要過好人生,我們也得確定自己安身立命的方法是什麼;找工作,得想想自己的技能與專長是什麼,這就是我們的產

品。接著得想想誰需要這樣的技能與專長，這些公司就是我們的客戶。我們也要想辦法獲得更多潛在的好機會，以及更好的口碑，讓合作過的人願意推薦我們，為我們背書。而當然了，財務的部分也不能被忽略，我們該妥善思考自身的財務問題，讓財富能持續累積，過上富足的生活。

經營一家公司，需要兼顧許多事，就跟人生一樣，我們也經常面臨許多兩難問題。

要繼續從事現在的工作，還是轉換跑道？要在一家公司內力爭上游，還是選擇成為自由工作者呢？要專注於一份工作累積能力，還是要斜槓幾份工作多賺點錢呢？

這些問題看似複雜，但其實只要依循一些步驟思考，每個人都能找到適合自己的答案。

圍繞這個想法，我打算開一堂為期一年的課程，陪伴大家一起學習成長，而這堂課就叫──做自己生命的 CEO。每個禮拜一個思考與實踐，讓每個學員們能持續以穩定的步調，一點一滴地學會擔任人生 CEO 的技巧。

一年的時間，從自我定位出發，到面對外部期待，最終再回到內心的自我修練。

課程期間，很多學員笑稱這堂課根本是「靈魂拷問」，因為他們發現很多問題真的很重要，但因為過往從來沒想過這些問題，所以也不知道原來自己的人生是卡在這種地方。

一整年的時間下來，大家仍然有滿滿的提問，但提問時的確定感，明顯比前一年高很多很多，不再有像是「我該設定什麼目標」、「我要換什麼樣的工作」、「我該怎麼規劃職涯」這類的大哉問；更多的是他們自問過許多問題，並充分反思後提出的想法。

他們想跟我交流，而不是希望我能給出答案。這是這堂課最想達到的目的之一，**只有當你主動去思考人生，主動去做出嘗試，成為人生的主人，你才會知道自己應該往哪兒去**。而當你掌握這樣的心態與技巧，你就有能力面對這浩瀚人生。

這本書與我當時的課程概念相同，但書內多了我近幾年的新體悟，相信能帶給大家更多的啟發。

我將這本書分成以下六個段落，英文單字的縮寫剛好是 VISION，有探索人生願景的意涵：

Part 1：Value，解碼自己，找尋人生價值
　　　了解自己與探索人生方向
Part 2：Invest，自我栽培，釋放潛力
　　　資源與機會遠比想像中更多
Part 3：Shape，定位自己，打造產品
　　　聚焦市場，找到自己最適合的位置
Part 4：Impact，向世界呼喊，擴大影響力

擴大你的影響力,讓更多機會找上門

Part 5:Outlook,迎向未來,長線思考
為自己設定遠程目標,再務實行動

Part 6:Nurture,滋養自己,回歸內心平靜
保持餘裕,才有改善的機會

這本書在每一堂課最後都保留一些練習與思考的空間,我會建議讀者們,不用急著一次把這本書看完,而是在每個章節讀完後稍作停留,並進行思考。如果時間與空間許可,建議你在一個安靜不受打擾的環境下進行。我相信這本書肯定能帶給你許多收穫,在此預祝各位讀者都能找到人生的方向,成為自己生命的 CEO。

這本書的誕生,我想特別感謝商業思維學院上萬名學員們,讓我在短短的幾年內參與了許多人的生命歷程,特別是那些我未曾經歷過的,也讓我有動力去規劃這堂課程,並完成這本著作。

同時也要感謝聯經出版社的團隊,願意等我兩年,讓我有機會將自己的人生經歷分享給更多人。

Part 1

VALUE

解碼自己，
找尋意義感

我是誰？我要往哪兒去？
找出自己人生的方向，成為獨一無二的你。

Lesson 1
預想一年後的自己

在經營公司時，我們總會習慣在年底時進行來年的規劃，設定目標，擬定策略，並決定要做些什麼，與不做什麼。透過這個過程，檢視過去一整年的得失，哪些地方做得好，哪些地方不如預期，看到什麼新機會，又看到哪些潛在風險。在經過一連串的思考與討論後，敲定來年的方向與計畫。

當你是人生的 CEO 時，一年後的你會有什麼樣的不同，取決於你接下來一年的行動。我們先不急著做規劃，先從此時此刻出發，寫封信給一年後的自己。

> 給一年後的自己
> 過去的一年你過得還好嗎？
> 你有多久沒有跟自己說說話了呢？

我是個時常反思的人，我常常在夜深人靜時仔細思考最近這段時間的狀況，然後問自己過得開心嗎？身邊的人還好嗎？

我們總將多數的時間奉獻給工作與家庭，我們對他人很慷

慨，卻對自己很吝嗇，今天，我希望各位給自己保留一段時間，靜靜地跟著我一起思考。

你最近好嗎？
工作順利嗎？
家庭幸福嗎？
人際關係融洽嗎？
人生方向清晰嗎？

當這些問題一個一個在你腦袋中響起時，你最直覺的念頭是什麼呢？那些念頭其實就反應了你潛意識中的真實感受。

這是一個非常重要的自我對話過程，除了感受之外，我們還得去思考背後的原因。

過去的一年你過得還好嗎？如果你可以穿越時空回到去年的此時跟你自己對話，你會想跟他說些什麼呢？

我的話，我可能會告訴他：「這一年會是突破跟進步的一年，很辛苦但很精彩，秉持初衷也就是了。」

Lesson 1，我想邀請各位寫一封信給一年後的自己，請大家想想，如果你有機會跟一年後的自己對話，你會想跟他說些什麼？如果你可以問他一個問題，你會想問他什麼？

> 或許你會想跟他說聲辛苦了；
> 或許你會想稱讚他這一年來的成果；
> 或許你會想問他是否已經找到理想的另一半；
> 或許你會想問他困擾他很久的問題是不是解決了；
> 也或許，你只是單純的想問問他這一年過得好不好。

一年的時間，可以發生很多事，也可以一成不變。改變很美好，不過維持原樣也是一種幸福。

跟我一起動動筆，寫封信給一年後的自己吧。

以下是我想對一年後的自己說的話：

「Hi, 一年後的我，過去這一年你過得還好嗎？我相信你應該按著計畫做出了調整，過著能兼顧財富、健康、家庭與人生志業的生活。對於你想做一件事的決心，我從來不曾懷疑過，只擔心你過度投入。我希望你照顧好自己，適度忙碌，多多休息，多多陪伴兩個孩子長大，多多投資在重要的關係上。

你是否仍維持著固定的運動習慣呢？健康是最重要的，我們都要放在第一順位上。

你是否有空出 30 天陪伴孩子們一起學習呢？陪伴是重要

的，讓自己成為孩子的好榜樣。

你是否有經常與人生重要的朋友們相聚呢？關係是重要的，當你不再追逐於名與利時，還能豐富你人生的那些人，將是你一輩子的朋友。

你是否更聚焦於真正想做的事，而婉拒了 99% 的邀約呢？心軟一直都是你的弱點之一，你明明知道自己要什麼，但有時卻不夠堅定。

給你寫信已經持續五年了，很高興看到你一路上的進步，當然還是有一些錯誤與壞習慣，但經常自我檢視並持續改善，向來是我們的習慣。相信一年後再見，我們都已成為更好的自己。」

期許也好，告誡也罷，你可以自己想，也可以參考我的範本，但我更期待看到你發自內心，用心地去思考，你有什麼話想對一年後的自己說。

字數不用多，300～500 字就足夠了。

Lesson 1 練習 寫封信給一年後的自己

To：一年後的_____

From：____年____月____日的_____

本堂課的收穫

Lesson 2
找出我最重視的人生原則

蘇菲亞是一位任職於快銷品產業的職場工作者,她擔任公司產品部門主管,具有十多年經驗。她在今年年初時剛從一家本土企業轉戰外商公司,經過幾個月的適應期,她覺得自己在工作能力上沒有問題,公司交辦的任務都能處理得很好。但在適應新公司的文化過程中,她總覺得自己有些格格不入,卻又說不上來到底是哪邊有問題。

她覺得老闆重視的點跟她不同,公司高層對待員工的方式也跟自己習慣的帶人方式有很大出入;同時,一些資深員工面對問題的態度明顯在推託跟卸責,這也讓她看不過眼。這些事都與專業無關,但卻一直困擾著她,讓她無法在這環境中放開心胸,盡展所長。

她經常對自己提問:「我不知道我到底在糾結些什麼?」

矽谷教練比爾‧坎貝爾(Bill Campbell)曾說:「信任是關係中的最重要貨幣。」有時,你不是不能理解,只是無法認同。信任與互相幫助不是人與人的基本嗎?為何同事們總是與此相反呢?**你與周遭環境的衝突,很多時候都是因為價值觀不**

同而導致。

你認識自己嗎？你跟自己相處了幾十年，按理來說應該非常了解自己，但你能很直覺地回答以下問題嗎？

> 你知道自己在生活中最重視什麼嗎？
> 你知道自己最擅長的是什麼嗎？
> 你知道自己人生在追求些什麼嗎？

我們總會以為自己對「我」這個人的了解夠多夠深刻，但很多時候我經常會想，如果我真的對自己那麼了解，那我應該知道如何在情緒低迷時激勵自己；我應該知道如何在想偷懶時，拿出有效的方法來鞭策自己；我應該知道自己在工作上追求的是什麼，即便放棄了更高的收入，我也會去追尋自己真正熱愛的工作……

有時想想，或許，我真的沒有那麼了解自己。在過去十多年，我做了很多的探索與思考，從第一份工作安穩舒適的環境離開，進入到工作張力與企業文化都截然不同的另一家公司，這個過程讓我又重新認識了自己。

兩年之後，我離開這家公司，成為自由工作者。我本以為我會喜歡自由工作，但成為自由工作者兩年後，我發現生活變得有點無趣且缺乏挑戰性。我還是喜歡設定一個目標後努力達

成,也喜歡跟一群人共同前進的感覺。後來我創立了商業思維學院,過了幾年的創業生活。在 2022 年底時我被診斷出癌症,讓我不得不中斷工作靜下來思考到底自己要什麼,應該往什麼方向去。

2023 年身體康復後,我沒有再次回到商業思維學院扮演原先的角色,而是加入另一家公司擔任專業經理人,目的是以不過度燃燒的方式,再度學習新事物。短短一年,我收穫了很多過往還不懂或不熟悉的知識與技能,而這些,都會成為我人生的重要養分。

2024 年底,我離開當前的工作角色,準備進入人生的下個階段,經過這漫長的 20 年,我發現自己對「我」這個人的了解愈來愈深。我始終是個創業者,也始終是個喜歡打造產品跟解決問題的人,同時還是個樂於協助他人成長的助人者,這些都是我人生的熱情所在。

你如何看待生活周遭的每件事情,然後決定採取什麼樣的行動,這中間的判斷準則,就是原則。一個有清楚原則,而且能奉行不悖而甚少糾結的人,通常是更了解自己的人。

Lesson 2 給大家的任務就是認識自己,那要如何認識自己呢?首先,我需要先請大家從以下 40 個辭彙當中挑選出你自己在世界上安身立命,最重視的五個核心價值,所謂核心價值就像你思考與做事的原則一樣,它是你最在意,而且在遭遇衝

突時，你會最優先考量的事。

舉個例子，如果你認為「幫助他人」很重要，那在自己可以獨享利益的情況下，你是否會優先考慮他人呢？

如果你認為「當責」很重要，那麼當你承擔了過重的工作壓力時，你是否還會堅持對自己的工作任務負責到底呢？

如果你認為「家庭第一」，那在面臨工作跟家庭的選擇時，你是否會捨棄一個難得的工作機會呢？

面對這些問題時，其實我們都不必馬上回答「是」或「不是」，因為關鍵點在於你的「為什麼」。

你可能會說，我認為幫助他人很重要，但前提是對方真的需要我幫助，而且我行有餘力。也就是在幫助他人這件事情上，是要符合一些「特定條件」的，而這些特定條件其實就是你個人的「原則」，沒有對錯，但唯有洞察這些原則，你對自己的了解才會更加深刻。

Lesson 2 的任務會花費不少時間，因為這會需要你靜下心來思考，請撥出兩個小時的時間給自己，在一個安靜不受打擾的環境中靜下心來思考。你會發現自己似乎沒想像中的了解自己，同時也能透過這個過程更了解你自己。

你的核心價值觀，決定了你人生的方向。

Lesson 2 練習　檢視核心價值觀

任務一：你最重視什麼？

第一輪，請你從以下 40 個辭彙中選出你認為特別重要的項目，如果你重視的詞彙不在裡頭，請自行新增。

獲得成就	被認同	分享	好奇	自我節制
利他	受尊重	自由	積極	群體
快樂	愛與關懷	選擇	公平	富足
有意義的工作	競爭力	獨立自主	和諧	安全感
誠信	創意	智慧	家庭優先	被重視
平衡	改變	信任	正義	專業
影響力	穩定	關係	冒險	禮貌
負責	連結	正直	果決	權力

第二輪，請從剛剛選出來的項目中再次篩選到剩下 10 個，請稍微思考一下你為什麼拿掉了某些項目，以及為何保留當前的項目。

一個自我提問的技巧是「相較於〇〇〇，我覺得 ××× 更重要，原因是當兩者衝突，而且只能二選一時，我會傾向選擇 ×××。」

獲得成就	被認同	分享	好奇	自我節制
利他	受尊重	自由	積極	群體
快樂	愛與關懷	選擇	公平	富足
有意義的工作	競爭力	獨立自主	和諧	安全感
誠信	創意	智慧	家庭優先	被重視
平衡	改變	信任	正義	專業
影響力	穩定	關係	冒險	禮貌
負責	連結	正直	果決	權力

第三輪，請篩選到剩下五個以內的項目，這過程可能會比較困難一些，因為你必須從很多的項目中找出自己最最最重視的五項，而你生活中的種種決策，可能都是以這五項做為最高依歸。

獲得成就	被認同	分享	好奇	自我節制
利他	受尊重	自由	積極	群體
快樂	愛與關懷	選擇	公平	富足
有意義的工作	競爭力	獨立自主	和諧	安全感
誠信	創意	智慧	家庭優先	被重視
平衡	改變	信任	正義	專業
影響力	穩定	關係	冒險	禮貌
負責	連結	正直	果決	權力

Part 1　**Value**　解碼自己，找尋意義感

接著,請寫下你重視這五件事的原因。

我重視 ＿＿＿＿＿＿＿＿

原因是 ＿＿＿＿＿＿＿＿＿＿＿＿＿＿＿＿＿＿＿＿
　　　＿＿＿＿＿＿＿＿＿＿＿＿＿＿＿＿＿＿＿＿

我重視 ＿＿＿＿＿＿＿＿

原因是 ＿＿＿＿＿＿＿＿＿＿＿＿＿＿＿＿＿＿＿＿
　　　＿＿＿＿＿＿＿＿＿＿＿＿＿＿＿＿＿＿＿＿

我重視 ＿＿＿＿＿＿＿＿

原因是 ＿＿＿＿＿＿＿＿＿＿＿＿＿＿＿＿＿＿＿＿
　　　＿＿＿＿＿＿＿＿＿＿＿＿＿＿＿＿＿＿＿＿

我重視 ＿＿＿＿＿＿＿＿

原因是 ＿＿＿＿＿＿＿＿＿＿＿＿＿＿＿＿＿＿＿＿
　　　＿＿＿＿＿＿＿＿＿＿＿＿＿＿＿＿＿＿＿＿

我重視 ＿＿＿＿＿＿＿＿

原因是 ＿＿＿＿＿＿＿＿＿＿＿＿＿＿＿＿＿＿＿＿
　　　＿＿＿＿＿＿＿＿＿＿＿＿＿＿＿＿＿＿＿＿

任務二：給自己的 10 個人生大哉問

Q1： 我的人生使命是什麼？我想在這個世界裡扮演一個什麼樣的角色？

Ans：_____

_____

Q2：我的人生在追求什麼？

Ans：_____

_____

Q3： 最能燃燒我熱情的事情是？

Ans：_____

_____

Q4： 最讓我感到意志消沉的事情是？

Ans：_____

_____

Q5： 我最常拿來跟別人介紹自己的故事是？

Ans：_____

_____

Q6： 我對成功的定義是？

Ans：＿＿＿＿＿＿＿＿＿＿＿＿＿＿＿＿＿＿＿＿＿＿＿＿

　　　＿＿＿＿＿＿＿＿＿＿＿＿＿＿＿＿＿＿＿＿＿＿＿＿

Q7： 我對失敗的定義是？

Ans：＿＿＿＿＿＿＿＿＿＿＿＿＿＿＿＿＿＿＿＿＿＿＿＿

　　　＿＿＿＿＿＿＿＿＿＿＿＿＿＿＿＿＿＿＿＿＿＿＿＿

Q8： 當生命只剩下 10 天，我會做什麼？

Ans：＿＿＿＿＿＿＿＿＿＿＿＿＿＿＿＿＿＿＿＿＿＿＿＿

　　　＿＿＿＿＿＿＿＿＿＿＿＿＿＿＿＿＿＿＿＿＿＿＿＿

Q9： 當生命只剩下 10 天，我會後悔沒做什麼？

Ans：＿＿＿＿＿＿＿＿＿＿＿＿＿＿＿＿＿＿＿＿＿＿＿＿

　　　＿＿＿＿＿＿＿＿＿＿＿＿＿＿＿＿＿＿＿＿＿＿＿＿

Q10： 我在回答上面這些問題時，是在寫給別人看還是給自己看？（如果最後結論是寫給別人看的，建議你重新思考過）

Ans：＿＿＿＿＿＿＿＿＿＿＿＿＿＿＿＿＿＿＿＿＿＿＿＿

　　　＿＿＿＿＿＿＿＿＿＿＿＿＿＿＿＿＿＿＿＿＿＿＿＿

本堂課的收穫

Lesson 3
量化我的人生滿意度

最近過得如何？當你面對這個問題時，你能不能很具體地說出自己的現況呢？Lesson 3 我們要一塊來進行現況的盤點，在開始之前，我想先跟大家聊聊我個人的一個有趣習慣。

如果你還在使用 Facebook，那你應該知道 Facebook 有一個動態回顧的功能，它會幫你回顧歷史上的今天，你在 Facebook 上發布了哪些貼文。而我每天都會去看動態回顧，看看去年、前年、五年前的自己說了些什麼。

上個月我回顧到 10 年前的一則貼文，貼文上寫著：「我要在五年內努力成為某個專業領域全台知名的專家。」，上個月看到的那天，省視了一下自己的現況，覺得好像還有一點距離，不過並沒有什麼失落感，因為我知道自己的心境已經不同。

上個星期回顧到幾年前剛成為自由工作者沒多久的回顧，貼文上寫著：「做自己喜歡做的事，跟欣賞的人合作，交友單純，生活就不複雜了。」檢視了一下自己，覺得比起當時的自己，我更滿意自己現在的生活，因為我一直秉持這個做法到現在，很棒。

前幾天回顧到 2020 年的貼文，當時學院才剛起步，我陷入了日更與問題回覆地獄中，每天都有很多的訊息得回覆，很多的內容得準備。然後又看看現在的自己，中間經歷了擴編，有團隊，有伙伴，學生人數也比原先增加了數倍，但我們還是找到解決方法了。原來當年的我是這種樣子，今年擔子加重了，但卻也走得更踏實了。

我很習慣透過回顧過去來看看自己改變了多少，也很習慣預想未來看看自己離理想的狀態還有多遠。你呢？你是如何來了解現況的呢？

每次跟好久不見的朋友碰面時，坐下來閒聊的第一句話通常是：「最近過得怎樣？」在不假思索的狀況下，通常我會順口回答「還可以啦」、「有點忙碌」、「過得去」。

不過呢，這是在社交場合中，對方是為了開啟話題，而你也是為了能讓對話順利往下而做出的禮貌性回覆。但如果要讓你具體地描述自己最近的狀況，你會怎麼描述呢？

過得如何？這是一個很複雜的問題，因為這通常是一個綜合性的結果，涉及生活、工作、人際關係、健康、財務等多個面向。有些部分可能不錯，有些部分則沒有這麼好，而**在綜合上述這些之後所獲得的最終感受，才是你現況的真實寫照。**

多數時候，我們都不擅長回答太開放性的問題，但如果我們將問題範圍限縮，不問你：「最近過得好嗎？」而是縮小

到單一面向問你：「最近工作如何？」或者「最近感情狀況如何？」你會發現問題容易回答許多。

如果我不問工作，而是問你現在財務狀況如何，你會發現這個問題似乎又比工作狀況好回答一些。因為前者是一個感受的陳述，而後者則可以用一些具體的數字來描述。

為了讓大家更容易做好現況盤點，我想運用「拆解」跟「數字化」這兩個特性來對大家進行提問。

如果我們將生活拆解成工作、人際、健康、興趣、財務等五大面向，針對每個面向評分，每道題都是從 1 到 10 分的區間，1 分代表很糟糕，5 分代表沒什麼特別，8 分代表很不錯，10 分代表棒極了，請問你會給這五個面向各打幾分呢？

請你針對每個面向給予一個評分，接著請花一點時間寫下你給出這個分數的原因是什麼。

釐清了現況，你才更清楚對當前的生活狀況自己是否滿意，同時知道滿意的地方在哪，不滿意的地方又在哪，對於該做些什麼也會更有方向一些。

Lesson 3 練習 現狀盤點

關於工作狀況

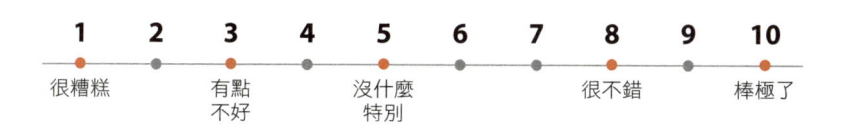

1	2	3	4	5	6	7	8	9	10
很糟糕		有點不好		沒什麼特別			很不錯		棒極了

原因：_____

_____

關於人際關係

1	2	3	4	5	6	7	8	9	10
很糟糕		有點不好		沒什麼特別			很不錯		棒極了

原因：_____

_____

關於健康狀況

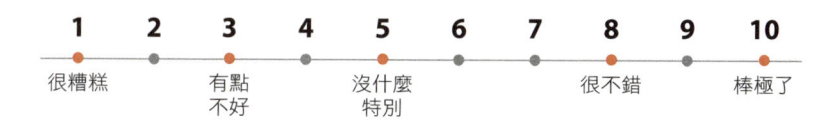

1	2	3	4	5	6	7	8	9	10
很糟糕		有點不好		沒什麼特別			很不錯		棒極了

原因：_____

_____

Part 1　**Value**　解碼自己，找尋意義感

關於興趣

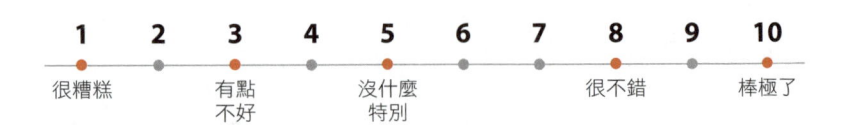

1	2	3	4	5	6	7	8	9	10
很糟糕		有點不好		沒什麼特別			很不錯		棒極了

原因：_____

_____

關於財務狀況

1	2	3	4	5	6	7	8	9	10
很糟糕		有點不好		沒什麼特別			很不錯		棒極了

原因：_____

_____

綜合以上，關於目前生活狀況

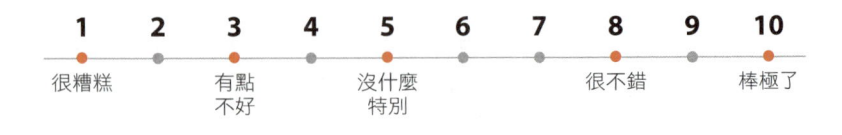

1	2	3	4	5	6	7	8	9	10
很糟糕		有點不好		沒什麼特別			很不錯		棒極了

原因：_____

_____

本堂課的收穫

Lesson 4
釐清適合我的關鍵字

Lesson 3 做完目標設定後,你是否對自己的未來有了多一些想像呢?接著,我們要開始進一步探討如何找出「個人定位」。

定位之於產品就像是它的價值主張,這個產品面對什麼樣的客戶族群,滿足什麼樣的需求,這就是所謂的產品定位。

你呢?你有想像過你的定位是什麼嗎?如果你是一個職場工作者,那你的客戶是誰呢?從收入角度來看,你是受雇於某家企業,你滿足了企業對你技能或經驗上的需求,所以換得薪資。而這個薪資有高有低。

這邊值得思考的一個問題是:「是不是能力最強的人就能拿到最高的薪資呢?」

我相信大家應該都知道現實並非如此,能力跟薪資是有一定的關聯性,但薪資並非只取決於能力。有些人能力很好,但所在的行業、公司、部門沒辦法善用他的能力,所以他的薪資只是一般。

過往我在大企業內時常看到這樣的案例,很多資深員工的能力非常傑出,但薪水卻不如後進者,這是什麼狀況呢?如果

能力不是唯一要素,那還有什麼呢?可能是態度或關係,也可能是運氣。但如果要用一個詞來概括,我認為就是「定位」。

> 有些人甘願配合老闆做牛做馬,所以老闆特別器重他,這是他對自己的定位;有些人喜歡爭取難度高,但價值也高的任務,所以不是大紅就是黑到翻,這是他對自己的定位;有些人喜歡埋首專注做自己的事情,但剛好老闆就喜歡這種默默做事的員工,所以他也獲得了高薪,這也是他在這個環境中,碰巧找到適合自己的定位。

當你思考過前面四堂課的問題後,接著來談定位是再適合不過了。接下來的四堂課,我們會分別談「我的標籤」、「我的定位」、「我的價值」以及「個人品牌的初步思考」。接著,就讓我們先來聊聊標籤這件事吧。

什麼是標籤?

你覺得有哪些「詞彙」是別人在形容你的時候會直接聯想到的?我的話,絕大多數時候不跳脫以下幾個:

#商業思維　　#商業思維學院院長　　#敏捷
#教育　　　　#雙胞胎爸爸　　　　#暢銷書作家
#部落客　　　#商管顧問　　　　　#技術主管

＃高階主管　　＃專案管理

這些關鍵字都曾經出現在我的生命裡，也都是自己刻意經營或者他人幫我貼上的標籤。有些標籤我很喜歡，而且樂在其中；有些標籤則是無心插柳，不過這些標籤都讓我在他人心目中留下了一些印象。

2017 年，我剛成為自由工作者，當時我最主要的標籤是：

＃在線教育　　＃產品部門高管　　＃知識型網紅
＃專案管理

2018 年，我把重心移到推廣商業思維，而推廣的場子我總是搭著敏捷走。那一年開始，我不僅擔任幾間公司的顧問，同時也啟動了訂閱服務，於是這樣下來，我身上的標籤變成：

＃商業思維　　＃敏捷　　　　＃商管顧問
＃知識型網紅　＃在線教育

2019 年，我出版了《商業思維》這本書，當時我就希望這個詞成為我身上最主要的關鍵詞，於是我不僅每件事情都圍繞著商業思維談，也將自己的稱號改成商業思維傳教士，還在同年的第四季成立了商業思維學院。從此以後，即便我在其他

領域還是有一定的影響力,我身上的其他標籤都遠遠不如商業思維、商業思維學院院長這麼顯著。

同一年雖然還是有其他的課程邀約找上門,但我基本上只接跟商業思維有關的議題,至於其他的,我會盡可能推掉。這麼做是避免我不要的標籤持續跟我沾上邊,那只會讓我分心,也會讓他人在認識我的時候,產生不精確的聯想。

從我這幾年的案例中,各位可以發現幾件事:

第一,標籤通常源自於他人怎麼定義你。

如果你希望別人用恰當的標籤來描述你,那你就不要做出與這個標籤不相符的行為,如果你希望大家覺得你是個成熟的人,那你就不該在 Facebook 上公開發文罵老闆或同事;如果你希望大家把你視為某個領域的專家,那你就得對這個領域發表更多的觀點與洞見。

第二,改變標籤就是改變認知。

如果你希望把一些標籤拿掉,那你就得透過改變自我,或者有意識地強化其他標籤,來淡化舊標籤的出現頻率。舉例來說,2019 年的我想要淡化專案管理這個標籤,因為我發現自己談的內容其實屬於經營上的思維,不希望被專案管理給困住。

所以當時我做了幾件事,第一,不接專案管理的課程;第二,減少在 Facebook 貼文談論專案管理的議題;第三,大量曝光新詞彙——商業思維。透過這幾個方式,讓我在半年的時

間內,成功地使專案管理這個標籤從我身上淡化了不少,取而代之的就是商業思維、經營管理這類的關鍵字。

標籤,**其實就是一種連結**,當你的行為很容易跟特定關鍵字做聯想,或者你的言論與公開的資訊時常跟某些關鍵字一起出現時,外界就會自然地把你跟這些關鍵字連結在一起。因此在思考自我定位時,挑選想要的關鍵字,並讓自己的言行都符合這些關鍵字是非常關鍵的一個任務。

相同的概念不只用在自媒體經營個人品牌,也適用於在公司內部建立你的職場個人品牌。舉例來說,你身邊有哪些同事是你覺得很「可靠」、「專業性強」、「負責任」的人,又有哪些同事會被你貼上「愛摸魚」、「推卸責任」、「難搞」的標籤?這些標籤其實就是我們在工作場合中的個人關鍵字。

被評為「可靠」的同事,可能是因為他做事細心、到位,而且思考縝密,應變能力好;被評為「專業性強」的同事,可能是因為他總是能妥善地把問題梳理清楚,並有條不紊地解決它。你的一言一行都將決定你在職場上的個人品牌。

關鍵字連結

這些關鍵字有可能是你希望他人對你的認知,也有可能是你對自己的定位與期待。總之,在這裡,希望你能花點時間思考,如果讓你挑選關鍵字,你會想用哪幾個關鍵字來代表你自

己?這些關鍵字對你的意義是什麼?然後你又將採取哪些行動來強化這些關鍵字與自己的連結性呢?

以下我羅列了一部分關於性格或行為的正面關鍵字供你參考,但建議你可以思考一下,現在你可能連結了哪些關鍵字;一年後,你希望自己能連結哪些關鍵字。

		性格關鍵字		
勤奮	熱情	正直	穩重	積極
專注	誠懇	果決	謙遜	勇敢
體貼	冷靜	負責	自信	可靠
大方	謹慎	禮貌	堅持	善良
		行為關鍵字		
誠信	創意	智慧	顧家	客氣
平衡	改變	行動力	正義	氣勢

Lesson 4 練習 選定我的關鍵字

我現在連結的關鍵字:
_____
_____

一年後我希望連結的關鍵字:
_____
_____

這些關鍵字對我的意義是:
_____
_____

我會做什麼事來強化自己與關鍵字的連結:
_____
_____
_____
_____

本堂課的收穫

Lesson 5
確立我的職場角色與家庭角色定位

接著,我們進一步來聊聊「定位」這件事。設定標籤與關鍵字,是定位的前置動作;**關鍵字談的是一種連結,而定位則是進一步談論你個人的價值主張。**

或許你過去也在書上看過,要試著去定位自己,但或許未曾經過前面 Lesson 1 ~ Lesson 4 的思考,所以對於如何定位自己始終感到有些模糊,而我也相信,這一次讓你再次思考定位,你會獲得跟以前不一樣的觀點,往下,就讓我們來帶領各位思考「定位」這個議題吧。

你的工作角色是什麼?

如果你是一個行銷專員,你會如何描述自己在公司的角色?你的主要工作內容是什麼?主要幫公司解決什麼樣的問題?又帶來什麼樣的價值?

如果你是一個部門的主管,你的主要工作內容是什麼?又帶來什麼樣的價值?

我在出社會的第二年時,曾跟別人這麼自我介紹:「我不

是一個 Coder，我是個 Solution Provider。」

我對自己的定位是一個能解決問題的人，而不是一個編寫程式的人，只要與解決問題有關，什麼事我都願意做。所以我願意到客戶端去處理問題，也願意跟業務一起去拜訪客戶，還願意去高階主管的會議解釋產品發生的問題，更願意花大量的時間與其他產品線溝通，找出整合面的問題。正因為如此，所以我比其他技術背景的人更具有商業思維，而這也成為我後來非常重要的標籤之一。

以當時公司對我的定位，我大可要求客服部門、業務部門自己搞定，也可以請我主管自己處理跨部門溝通事宜。但因為我對自己有個清楚的定位，所以我展現出與其他工程師截然不同的工作態度，而這也讓我在職涯發展上一路順遂。

曾有一位朋友 Eve，他在工作上擔任的是業務助理的角色，但他認為自己有能力幫業務團隊提升業績，所以他每天會協助彙整業務的拜訪紀錄，也會協助做業務拜訪前的客戶資料收集，並提醒每位業務跟進每個銷售機會，每週還會彙整收到的市場回饋，重新調整業務的銷售簡報後同步給每位業務員。

因為他的加入，業務團隊的銷售成交率大幅提升，他也因此領到不低於部門一流業務的業績獎金。他如果把自己定位在行政助理，那他就不會做前面提到的這些事，也不會有後來的豐碩成果。

另一位朋友 Joan，他的工作是平面設計師，我曾經跟他請教做好設計師工作的訣竅，他告訴我：「對我來說，設計不只是美術，而是需要把意念、資訊跟品牌融入在裡頭，並傳達出去。它要能創造價值，要有故事，而不是單純的美或醜。所以我需要理解商業面的考量，包含要傳遞的資訊，要交付的時程，以及最終能創造的價值。」

　　當你把自己定位在出設計稿，老闆或業主要把需求講得非常清楚，讓你能按著需求做設計，那你就是個代工的設計師；若你把自己的定位拉高到設計解決方案，那你就會花時間去研究市場、客戶、業主期待、產業狀況，這時你對老闆、對業主的價值就不同了，價格自然也水漲船高。

　　透過以上幾個案例，我相信你能更清楚了解到定位的重要性。而除了工作上的角色之外，也再跟大家分享另一個案例，這是關於生活中的另一個角色——家庭角色。

你的家庭角色又是什麼？

　　我有一對雙胞胎女兒，她們的誕生，基本上決定了我過往10年的職業選擇，因為我希望自己能當一個「不缺席的爸爸」。

　　33歲時的我是個工作狂，正處於從中階主管邁入高階主管的黃金時期，有很大的抱負，希望能在更大的舞台上一展長才；但同一時間，我又希望自己能做個不缺席的爸爸，不缺席

孩子每一天的成長，不缺席每一個重要時刻。當時為了兼顧工作與家庭，我選擇通勤台南—台北的生活，而非在台北租屋。

離開正職工作後，我成為自由工作者，工作安排的彈性很大，而且我逐漸將自己的工作模式調整為線上，讓我能每天接送兩個孩子上下課。即便後來創業，我跟團隊也都是採遠距工作模式，這也讓我能繼續扮演好「不缺席的爸爸」的角色。

不過在 2024 年暑假時，我跟著兩個女兒一起放了暑假，也開始思考調整在家庭的定位。「不缺席的爸爸」或許已不是最適合當下的我的定位。我除了陪伴兩個女兒長大外，對另一半的關注也同等重要。我想帶孩子一起去體驗更多新鮮的事物，協助他們探索，找到自己的興趣；也要協助我太太空出更多時間，能好好休息。

我的角色從「不缺席的爸爸」，轉變成「一起探索的爸爸」，以及「神隊友老公」。

每個人同時會身兼多種角色

一個人生活的失衡，或者出現嚴重的期待落差，很多時候都是源自於他沒有意識到自己的角色在轉變，或者說，他從來沒有認真地思考過自己「當下的定位」。

當你對自己的工作定位是使命必達的戰將，那你可能會花非常多的時間與心力在工作上；與此同時，若你小孩剛好出生，

太太很需要你分憂解勞，孩子也需要你多多陪伴，你就得同時思考如何扮演稱職的父親這個角色。

此時，你可以有幾種選擇：

> 第一，調整工作上的定位，讓自己有多一點時間在家庭。
> 第二，尋求其他途徑來同時滿足兩者。我有朋友是選擇公務行程時都帶著家人一塊，或者搬家到距離公司較近的地點，透過縮短交通時間來增加在家裡的時間。
> 第三，繼續維持現狀，但父親的角色有可能完全被忽略。

我們每個人都有多種角色在身上，你是否清楚自己身上的角色有哪些？而這些角色的權責又是什麼呢？當多個角色的權責之間有衝突時，你又會如何選擇呢？

這是一個值得大家仔細思考的議題。

清楚的定位與標籤，將決定你如何扮演自己的角色

前一堂課，我們談了標籤，這一堂課我們又談了定位，到底標籤跟定位有什麼關聯性呢？

定位指的是，你將圍繞那些關鍵字打造自己當前的角色。

一樣都是研發主管，我就有 [熟悉業務] 這樣的關鍵字在我身上；一樣都是工程師，我就硬是比別人更 [熟悉管理] 這

件事;一樣都是顧問,我就是比別人 **[更實戰]**,而且能解決多方面的問題;一樣都是老闆,我就是個把 **[家庭放在工作之前]** 的老闆;同中求異,你就會與他人產生差異化,而這就是你的獨特定位。

角色是我們對一個身分的認知,定位則是我們打算如何去扮演這個角色。

你目前在工作上的角色是什麼?你又會如何定位你自己呢?同樣的概念,你也可以用在生活、家庭或其他地方,你可以按著下方的練習來思考自己的定位。

Lesson 5 練習　思考我的定位

在工作上,我是一個＿＿＿＿＿＿,我認為做好＿＿＿＿＿＿＿＿＿＿＿是我最重要的事。

在家庭上,我是一個＿＿＿＿＿＿,我認為做好＿＿＿＿＿＿＿＿＿＿＿是我最重要的事。

在朋友圈中,我是一個＿＿＿＿＿＿,我認為做好＿＿＿＿＿＿＿＿＿＿＿是我最重要的事。

本堂課的收穫

Lesson 6
鎖定對象，確定我能創造的關鍵價值

　　定位談論的是「我是什麼」與「我不是什麼」，接著我們進一步來思考，為什麼我選的「是什麼」比「不是什麼」更有價值。

　　為什麼我選擇成為「熟悉業務」的研發主管，而不是「只懂研發」的研發主管？為什麼我選擇成為「Solution Provider」，而不是一位「Coder」？為什麼我選擇當一位「更實戰」的顧問，而不是「提供建議」的顧問？這都與定位有關，也與這個定位所面對的對象與創造的價值有關。

　　Lesson 6 我們緊接著要探討的主題是「價值」。先前在談定位時我們提到「價值主張」這個概念，基本意義是我如何去定義價值並傳遞價值。好的價值主張基本上包含四個部分：

1. 我的產品或服務是什麼？
2. 我主要面的客戶對象是誰？
3. 客戶有那些痛點或需求？
4. 我的產品或服務，如何協助客戶解決痛點並滿足需求？

我們可以用一張圖來呈現自己的價值主張。下方是價值主張畫布的呈現模式：

價值主張畫布

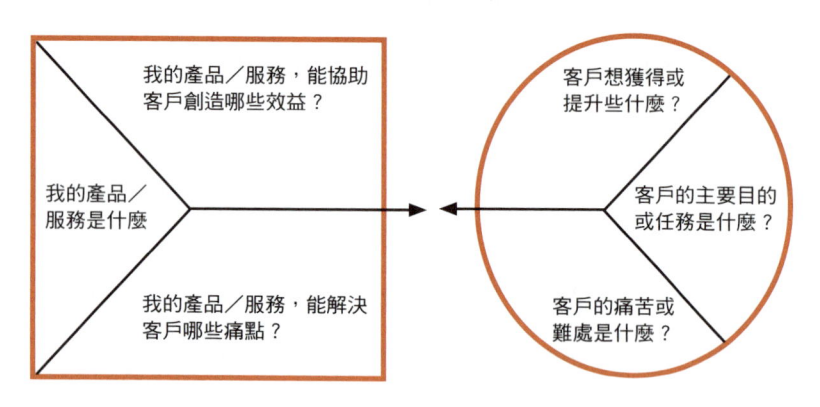

左側方框（我的產品／服務）：
- 我的產品／服務，能協助客戶創造哪些效益？
- 我的產品／服務是什麼
- 我的產品／服務，能解決客戶哪些痛點？

右側圓形（客戶）：
- 客戶想獲得或提升些什麼？
- 客戶的主要目的或任務是什麼？
- 客戶的痛苦或難處是什麼？

舉個例子來說，為什麼我要成為熟悉業務的研發主管？因為工作多年後我深刻體認到，真正能展現研發價值的地方在於解決客戶問題，而不在技術本身。如果我無法清楚客戶需求，就很難提出好的解決方案，以及研發出符合市場需求的產品。

而在我當時的公司，老闆們殷殷企盼研發主管能多接觸客戶，並願意給那些主動親近市場的研發主管更多的晉升機會與更高的薪資。

在企業內，我的客戶就是公司的決策經營層，他們的需求痛苦是研發主管與市場嚴重脫鉤，缺乏市場敏銳度，而他們期

待研發主管可以往客戶端走。我看見了這個機會,並且調整自己的定位來搶占這塊市場,所以當時我就取得了很好的機會。

價值源自於需求

從這個案例中,我們可以發現,定位與標籤不是自己開心就好,你還必須專注外部的需求。如果沒有人願意買單,那也是白搭,所以在定位時,我們需要明確回答以下兩個問題:

> 第一,我溝通的對象是誰?
> 第二,對方願意為這件事付多少代價?

試想,你是個資深的工程師,技術能力很不錯,並且把自己定位成一位具有商業思維的工程師,所以努力地學習各種商業知識,因為你覺得這樣可以有效地提升自己的價值。但價值這件事如果要獲得外部的認可,通常還是得務實一點去思考:「有誰需要像我這種具備商業思維的工程師?然後還願意支付高於一般工程師的薪資?」

為了解決這樣的問題,你必須要能明確告知對方,聘請一位具備商業思維的工程師,為什麼能更有效地解決產品研發到銷售過程的種種問題。

定位,讓我們了解自己的角色與位置;價值,則要讓我們

進一步去思考在這樣的定位下,我如何創造效益。而且我的目標對象,會願意為了這個價值而負擔更高的價格。

在開公司或做產品時,我們總會做市場研究,做客戶訪談,藉此掌握目標客戶的需求,包含,他們有哪些痛點或期待?也會了解市場上有多少替代方案,而這些替代方案能滿足哪些需求,哪些尚未滿足?並且收集競品的價格,或者試著跟潛在客戶報價來獲取可能的訂價區間。

在求職時,我們會先根據自己過往的經驗、能力,以及之後預期的職業發展方向去找尋理想的工作,然後試著在面試過程中,展現自己能如何解決對方所遭遇到的問題,並努力去談一個理想的薪資,不過結果可能不盡如人意。

在工作上,為了獲得老闆的重用,我們會認真完成他交辦下來的任務,盡可能做到使命必達。但如果將老闆當成目標客戶,我們是否對他的需求做過研究?是否了解他目前的痛點是什麼?目前亟待有人解決的問題又是什麼呢?

成為自由工作者,為了獲得客戶的青睞與推薦,我們會努力展現自己專業的一面,試圖讓潛在客戶們知道自己的能耐在哪。但在我們努力展現自己的優點之前,是否了解過潛在客戶需要些什麼?

如果沒有經過這樣的訪談與研究,那解決的可能都是客戶的次要問題,而次要問題的價值自然不如主要問題。而這也是

很多任勞任怨的人一直沒搞清楚的一件事——**我們之所以不受重視，可能是因為我們賣力解決的問題，其實價值並不高。**

什麼事才具有高價值？

要比別人獲得更高的價值，我們得學會選戰場，把自己放在一個相對優勢的行業中，提供較少人能提供的服務，擁有比其他人更能把這件事做好的能力或資源，並且能解決目標對象所在意的關鍵問題。這種狀況下，你的價值往往會特別高。

自我定位的核心，除了對自己有個更清晰的想像外，也要挑選一個獨特、高價值，而且可實踐的市場區隔，讓自己在這個定位上持續發展自我。

身為自雇者，我會思考我在這個市場上的定位。我能為我的目標客戶提供哪些價值？我必須回答的四個關鍵問題是：

「我在做什麼樣的生意？」

「誰會需要我的顧問服務？」

「我能為我的客戶創造什麼樣的價值？」

「為何我是客戶指名的第一選擇？」

我的答案分別是：

「陪伴客戶成長的經營管理顧問。」

「年營收 5,000 萬到 20 億的成長期公司。」

「從財務面出發，關注產品與市場面的發展，進而提高營

收與利潤。」

「能從財務、營運、業務、產品都有充分涉獵，且具備創業經驗。」

身為職場工作者，我會思考我在人力市場與公司內的定位，以及我能為公司、雇主與老闆創造什麼樣的價值？我必須回答的三個關鍵問題是：

「我的老闆要什麼？」

「我能創造的價值是什麼？」

「為何我是老闆晉升、錄取名單的首選？」

我的答案分別是：

「達成 KPI，並在組織政治下站穩位置。」

「協助老闆達成超標的 KPI，在組織政治下取得優勢地位。」

「除了提高不可替代性，也會主動與老闆協商，消除任何他不晉升自己的不利因素。」

找到關鍵客戶在意的事，創造價值，獲得對等的財務報酬或其他價格的回報，是工作中重要的商業思維。

一起練習一下本堂課學習到的概念吧！

Lesson 6 練習　寫下我的價值主張

我的主要客戶是
_____
_____

他的關鍵需求是
_____
_____

我能創造的關鍵價值是
_____
_____

為何我是首選
_____
_____

本堂課的收穫

Part 2

INVEST

自我栽培，
釋放潛力

釋放自己的潛力，我擁有的比想像更多，
但我們得懂得如何善用。

Lesson 7
審視常態性支出與可支配所得

　　人生的路途很漫長，不論是為了有餘裕去做自己想做的事，或是為了規避風險，我們都得重視自身的財務狀況。在談論理想時，我們同時也得面對現實，回過頭來看看如何用正確的觀念看待財務，累積資產。

　　往下的幾堂課，我們會先帶大家從財務角度出發，思考如何改善個人財務狀況，讓自己慢慢致富。

我們可以如何思考財務這件事？

　　猶記得王品集團創辦人戴勝益曾說過「月薪不到 50,000 不要儲蓄」，當年曾引起一陣軒然大波。他的主張是==當你的收入不高時，這些錢怎麼存都很難變成大錢，不如把錢花在建立人脈上==，還援引他當年創業初期跟 66 個貴人借錢的經驗，不過最有爭議的當屬這段：「如果一個月薪資只有 30,000 元，你要寫信或打電話回家，跟你的爸媽要 20,000 元。」

　　爾後，張忠謀也評論了這段發言：「薪資在 50,000 元以下還要存錢，老實說也存不了多少，不如把錢投資自己。而投

資自己有各種方法，例如上課進修、進行具教育性的旅遊等。」

張忠謀的陳述方式讓我們接受度高很多，兩者共同的思維是**把錢投資在其他更能創造價值的地方**，而相異的思維則是戴認為能創造價值的地方在人際連結，而張則認為在個人成長上。我個人認為觀念上問題不大，但在做法上，我們到底該如何做才能正確的在儲蓄跟投資自我間找到平衡呢？

可支配所得

手邊的現金到底該如何運用才恰當呢？如果把我們企業的自由現金流觀念對應到個人上，其實有個很雷同的概念，那就是**可支配所得**（Disposable Income）。

如果你是南部人，在台北上班，一個月的收入是 50,000 元，每個月的基本開銷是房租 8,000 元、水電網路 1,500 元、孝親費 5,000 元、伙食費 9,000 元、交通費 2,000 元、勞健保＋其他保險 5,000 元、手機費 500 元等等，零零總總加一加大約就是 30,000 元，這 30,000 元可以稱為你的**常態性支出**。

這意味著，每個月 50,000 元，實際你可以動用的錢就是 20,000 元，而這都還沒計入你可能會有的其他開銷，諸如購物、聚餐、旅遊等等，不過在此我姑且假設你的每月可支配所得就是 20,000 元。

這筆錢要如何運用呢？常見的有以下三個選項，也各有各

的挑戰：

- 存起來（定存或活期存款），目前利率這麼差，這是個好選項嗎？
- 投資金融商品，投資有風險，有賺就有賠，不過有些風險相對較低，且收益穩健的金融商品，那這就是最好的解法嗎？
- 投資在個人成長，如何保證這種投資會值得呢？會不會犧牲了短期收益，卻也沒有帶來長期收益呢？

基本上可支配所得愈多，個人財務風險也愈小，如果你想要休息半年，手邊的錢足以支撐這段時間的開銷，那問題並不大。如果你還有一些被動收入如投資、定存、房租等，即使在失去薪資收入的同時，還是有一些收入可以來支撐日常開銷，那穩定性自然更高了。而這也是為何理財專家非常強調被動收入的原因。

如何「用錢」決定了人與人的差距

戴勝益當年的發言曾被很多人抨擊，說他是典型的富二代，缺乏同理心。但其實他的思考邏輯是典型的「富人思維」，所謂的富人思維指的是，富人們總會思考如何**拿錢換回他們沒**

<u>有的東西</u>，請顧問節省自己學習的時間，請管家節省自己處理家務的時間，因為相較於錢，時間與注意力對他們來說更寶貴。

曾有人問過我關於「投資自己」跟「投資金融商品」間的選擇，因為他聽別人說「投資自己是永遠不會後悔的選擇」，想聽聽我對這件事情的看法。

其實很多年前我曾說過：「就算是投資自己，也要穩健精明地投資。」

所謂的投資自己，並不是說花錢去上課、參加活動、擴充人脈就好，而是該**圍繞著目標與長期效益**，如果因為投資自己真的讓你的能力提升了，眼界擴展了，然後讓你找到一個更好的工作，拿到更豐厚的薪資，那自然是好事。但如果沒有呢？那就白白浪費了金錢，以及更寶貴的時間。

舉例來說，如果你每個月的可支配所得有 5,000 元，你全部投資金融商品，穩定的話，每年可投入 60,000 元，若年利率為 5%，兩年後你會有 126,454 元，多出來的 6,454 元是你的投資所得。

若你選擇將這筆錢全部投資在個人成長上，提升了個人學識與能力，一年後你有可能會因此換了一個更好的工作，月薪提升了 5,000 元，每月的可支配所得可能從 5,000 元瞬間變成 10,000 元，投入的本金翻倍，獲取同樣投資回報的時間自然也會大幅縮短。

說起來，可支配所得的運用並不是一個單選題，而是配置問題。如果有 20,000 元，你總不會每個月都花 20,000 元去上課，也不見得會把所有的錢都投入在同一個金融商品上。你可能會拿 5,000 元去學習，10,000 元投入 ETF，5,000 元放活存以備不時之需。這就是一種簡單的配置概念。

財務配置的基本思考

談到財務配置，有些人可以承受高風險，所以他會將所有的錢都投入金融市場；有些人認為投資自己更重要，所以把所有的錢都拿去上課；有些人家裡財產多，後援豐富，對風險的承壓能力強，所以並不太擔心自己的錢賠光光。

其實每個人的狀況不一，很難有一體適用的方法，不過以下幾個基本的原則可以提供給大家參考：

一、思考風險，留下基本保命金

做任何決定前絕對不能忽略風險評估。在企業經營時，不論要做什麼樣的投資，背後思考的永遠是「如果這個投資項目出差錯，公司能否繼續運作下去？」、「公司手邊是否有足夠的現金去應付大多數突然發生的意外狀況？」、「如果公司仍在虧損狀況，手邊的現金能否撐過六個月？」

回到個人，你得問問自己：「如果你現在失業或裸辭，手

邊的錢能讓你有多少時間找工作？」

二、年紀愈大，保命金得準備愈多

隨著年紀漸長，你給自己預留的保命金一定會愈多。因為你的日常生活開銷可能會多出家庭跟小孩，甚至年長長輩的醫療與照護的支出，這些財務負擔可能是你年輕時候的數倍。

這也是為什麼我會建議大家一定要趁年輕去嘗試跟冒險，因為當你年紀多 10 歲，風險其實是倍數增加的。

三、關注可支配所得成長狀態

留了保命金，接著得思考剩餘的可支配所得該如何運用。

在前公司時，因為公司給的薪資水準不錯，我看到一些朋友隨著自己收入的增加，也同等地增加了生活開銷。換租更好的房子，吃得更好了，買了車開始繳車貸，娛樂也多了起來。雖然收入從 30,000 元提升到 50,000 元，但支出也從 20,000 元提升到 40,000 元，因此長期來說，他的可支配所得並沒有對等地提升。

可支配所得維持固定

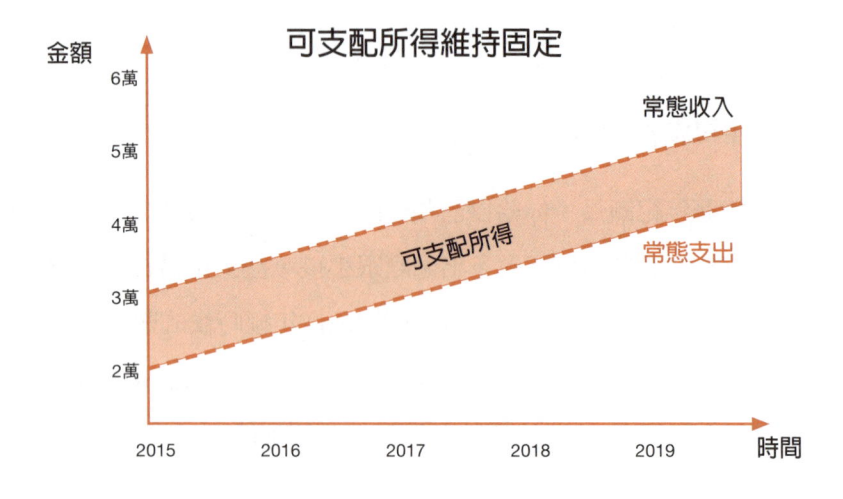

（圖表：2015–2019，常態收入、常態支出、可支配所得）

如果要讓財務狀況愈來愈穩健，按理來說你的**常態收入成長的速度應該快過常態支出的成長速度**，因此可支配所得是愈來愈多。當可支配所得增加，能做的事情自然也會增加。

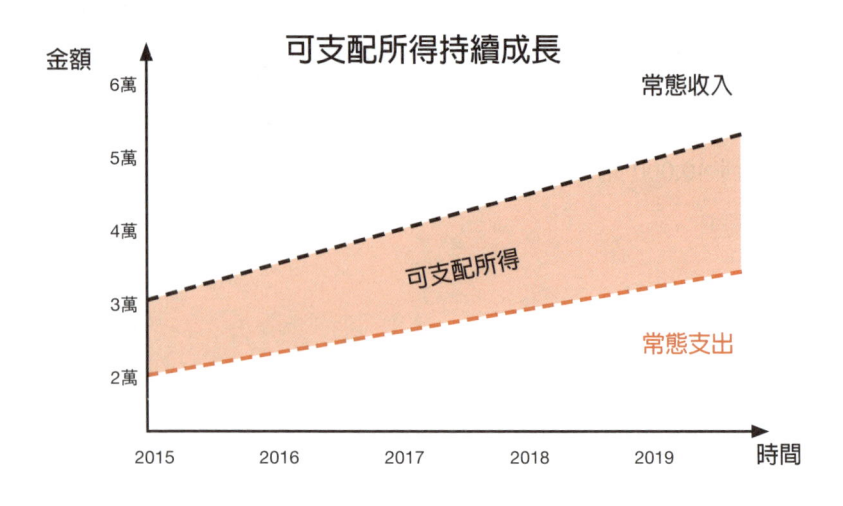

可支配所得持續成長

（圖表：2015–2019，常態收入、常態支出、可支配所得）

而我自己,其實便是屬於這種類型。我的收入從出社會到現在已經成長了數倍,但支出大約只是剛出社會時的兩倍左右,所以我的可支配所得率逐年成長,經濟壓力其實不太大。

隨著收入提升,可支配所得也逐漸上升。其實你正在變得富裕,但如何善用可支配所得,將決定你能否真正變得富裕。

四、可支配所得的運用方法

有了保命金與可支配所得的基本觀念後,接著要思考的是可支配所得的配置。針對這個議題,我有一個自己的思考框架,來協助我思考如何配置可支配所得。

如果你比較保守,你配置的比例可能是儲蓄加保命金占40%,投資金融商品占20%,而投資個人成長占40%。

人生成長飛輪:保守版

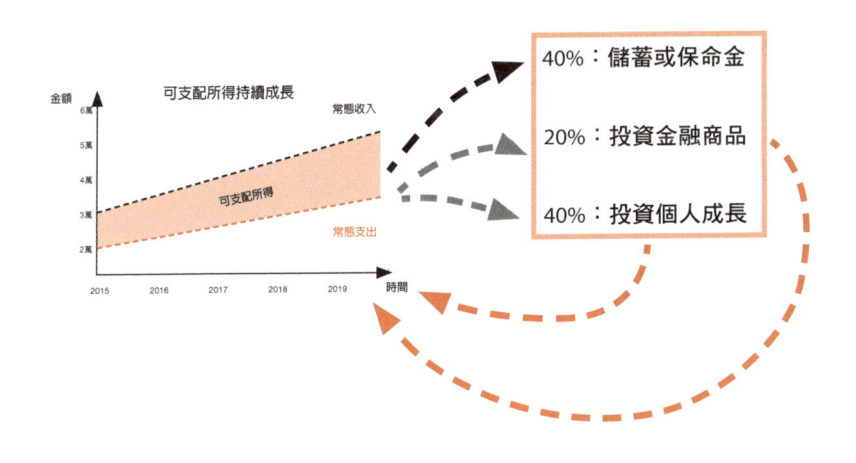

- 40%:儲蓄或保命金
- 20%:投資金融商品
- 40%:投資個人成長

如果你風險的承受能力強，你可能在儲蓄加保命金部分只放 20%，投資金融商品占 40%，而投資個人成長占 40%。

人生成長飛輪：高風險承受版

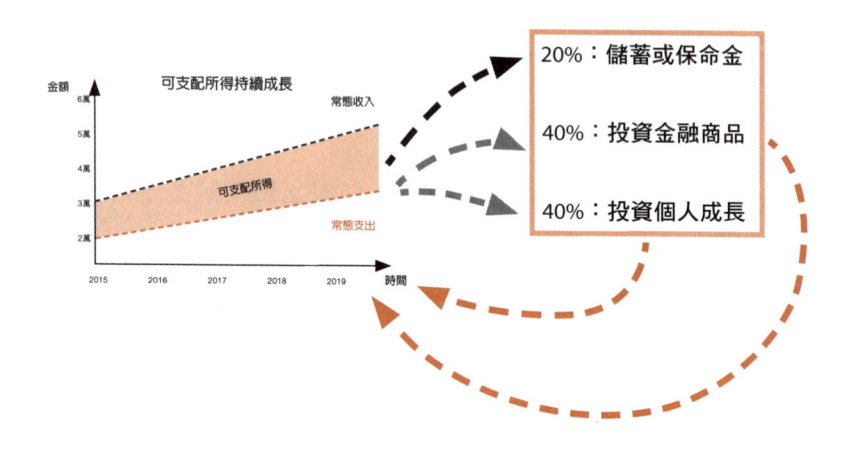

金額
6萬
5萬　　可支配所得持續成長　　常態收入
4萬
　　　　　　可支配所得
3萬
2萬　　　　　　　　　　　常態支出
　　2015　2016　2017　2018　2019　時間

20%：儲蓄或保命金

40%：投資金融商品

40%：投資個人成長

如果你剛出社會，或許你也可以考慮像戴勝益或張忠謀一般，先不思考儲蓄或金融商品，而將多數的錢都壓在投資個人成長上頭。

Lesson 7 練習　盤點我的可支配所得

今天的日期是＿＿＿＿＿＿，目前每月收入是＿＿＿＿＿＿，
可支配所得大約＿＿＿＿＿＿。

每月可支配所得的用途主要是：

1.＿＿＿＿＿＿＿＿＿＿　　6.＿＿＿＿＿＿＿＿＿＿

2.＿＿＿＿＿＿＿＿＿＿　　7.＿＿＿＿＿＿＿＿＿＿

3.＿＿＿＿＿＿＿＿＿＿　　8.＿＿＿＿＿＿＿＿＿＿

4.＿＿＿＿＿＿＿＿＿＿　　9.＿＿＿＿＿＿＿＿＿＿

5.＿＿＿＿＿＿＿＿＿＿　　10.＿＿＿＿＿＿＿＿＿＿

用途比例是：

日常支出＿＿＿＿＿＿％　　可支配所得率＿＿＿＿＿＿％

可支配所得的用途：

1.＿＿＿＿＿＿＿＿＿＿＿＿＿，占比＿＿＿＿＿＿％

2.＿＿＿＿＿＿＿＿＿＿＿＿＿，占比＿＿＿＿＿＿％

3.＿＿＿＿＿＿＿＿＿＿＿＿＿，占比＿＿＿＿＿＿％

4.＿＿＿＿＿＿＿＿＿＿＿＿＿，占比＿＿＿＿＿＿％

5.＿＿＿＿＿＿＿＿＿＿＿＿＿，占比＿＿＿＿＿＿％

本堂課的收穫

Lesson 8
增加額外收入的四個思考點

賺錢到底難不難？怎麼樣才能增加自己的收入？我相信這是很多人非常期待的主題，畢竟多數人總是希望自己的月收入能夠增加，但卻一直找不到合適的方法。在談論創造收入的方法時，請各位不妨想想從小到大，你嘗試過多少為自己帶來收入的方法？

先跟大家分享我自己的經驗，以下僅列除了正職工作之外的：壓歲錢、家庭手工、賣糖果、打賭(賭博)、收集郵票賣郵票、幫長輩跑腿換零用錢、在牌桌旁幫忙倒茶水吃紅、幫同學跑腿、幫補習班發傳單、將紙本書電子化、搬運工、餐廳內外場、排球教練、打字員、送貨員、賣線上遊戲道具、家教、補習班助教、補習班老師、實習工程師、研究室專案成員、研究員、內部講師、內部刊物稿費、外部授課、演講、文章稿費、書籍稿費、訂閱服務、顧問費、投資利得、線上課程、企業內訓、上市公司董事酬勞、人才推薦……

真的要完整列完，估計也有 40～50 種，說真的，能獲取收入的方法很多，但你是否願意去嘗試，或者有沒有能力去嘗

試呢？接下來，我想藉由分享一些我過往重要的人生經驗，來跟大家分享我對於多元收入這件事的看法，也讓大家可以站在我的經驗上去想想自己。

研究所的時候，我同時做五份兼差

研究所的兩年，我由於急著想要賺錢，最忙碌的時候曾經同時兼五份工作。這五份工作分別是實習工程師，一個月的薪資約 20,000 元，每星期投入約三天左右的時間；老師研究室的助理，以及老師所承接的案子，這塊就是每個案子月薪 5,000 元，加起來共 10,000 元；也兼了創新中心的研究員，這也是月薪 5,000 元的工作；我還接了一個家教，每星期兩天，一次兩小時，時薪 700 元，每個月估計是 10,000 元左右⋯⋯

加起來，一個月的收入大約就是 40,000 ～ 50,000 元了，這樣的收入已經比很多社會人士來得好，也比我自己剛出社會時的起薪高。但這極度壓榨我的體力，畢竟我還要上課跟寫論文，投入那麼多的時間真的讓體力大感吃不消。

後來為了順利畢業，我退出研究計畫，也停掉家教，只剩下兩份工作。軟體公司的實習工程師我繼續做，因為這份工作收入最多，而且可以讓我直接累積工作經驗，在工作上也是直接對公司的副總報告，對我來說算是很好的磨練。另一個工作則是創新中心的案子，因為這個案子的內容我很感興趣，還可

以四處去參訪，很有意思。

我雖然選擇讓自己月收入降低到 30,000 元左右，卻多出許多的餘裕可以準備論文跟學習。從這個段落中，大家就可以看到，即便是一介研究生，還是可以找到很多賺錢的方法。

出社會之後，我又跑去兼差了

研究所畢業後，我申請了國防役，也就是研發替代役的前身。那時候起薪是 40,000 元，而我身上還有約 35 萬的就學貸款得償還。所以我也在思考如何還得更快一些。那時碰巧聽朋友提到一個概念，他是這麼說的：「要靠在現職工作一年 3%、5% 的薪資調整來賺大錢，還是不要想了，一定要靠兼差。」

這個說法對現在的我來說有很大的問題，但年輕的我卻覺得很有道理。因為那時的我並沒有太豐富的工作經驗，也缺乏獨當一面的專業技能，因此無法想像自己之後會有多少可能性，於是就投入了兼差工作。

每天下班後我做著類似外送的服務，專門幫人家運送商品，並從中抽佣，一個月大概可以多賺 6,000～8,000 元，這筆錢讓我的收入增加了 15～20% 左右，看起來似乎很不錯。與此同時，我還思考過要不要去巨匠兼課教 Office，也真的打電話給巨匠，問問看他們那邊教課的要求跟薪資，但聽完他們的條件：要先試教，以及時薪起薪是 150 元，我就打退堂鼓了。

後續我又找了一些兼差工作，使月收可以達到 5 萬多。

不過呢，沒多久，我在工作上被老闆教訓了一頓，並且把我調到另一個部門，說法是我的專業水準不行。那一刻，我覺得自己好像做錯了什麼，回家後想了一個晚上，才發現自己花在學習的時間真的太少了。腦袋裡每天想的都是賺錢賺錢，但賺這些錢的過程中，不但沒有獲得任何的成就感，也不覺得快樂。再想想我的未來，我還是看不見方向，還是覺得很慌張。

除了錢，我獲得了些什麼？沒有，什麼都沒有。

但我失去了時間，失去了成長的機會。

隔天，我把兼差都停了，然後專心在正職工作與學習上。白天上班，下班後學習到兩三點，就這樣，花了半年的時間，我已經可以獨當一面代表部門去處理大小事務；一年過後，我便成為部門的小主管，也對我的未來開始有一些想像。

這段時間我的收入變少了，但希望變多了。

後來，出現了很多賺錢的機會

隨著我的專業能力提升，我也開始在網路上分享很多專業知識與觀點，因為有了知名度，很多的邀約開始出現。最早的時候是有人邀請去社群做分享，接著講課、顧問、專欄或其他的邀請也陸續出現，賺錢的機會頓時多了很多。

每種機會，我都會去體驗個一兩次，不過通常都只是淺嘗

即止,因為我知道我沒有那麼多時間花在這上頭。在工作上我還有很多更好的機會,以及更需要學習的事情。

==但我知道,如果我有意願,這些錢我是可以賺的,我知道自己的身價在哪,也知道哪些地方會需要我。==

正因如此,在換工作的時候,我直接提出一個符合自己身價的薪資,而這個薪資比我原先高出了 60% 左右;在換工作的兩年後,我的年薪已經成長成原先的三倍。

上面三段個人經歷,故事稱不上峰迴路轉,但我相信中間的一些思考點是可以給大家參考的。

==第一,增加收入的方法很多==,你一定可以列出無限多種,重點是你願不願意去試試。靠專業,靠勞力,靠關係,憑藉你擁有的資產,總有機會找到 10 種以上增加收入的方法,但如果都不願意嘗試,那就什麼都沒了。

==第二,思考收入時永遠要思考時間效益==,如果時間投入在累積專業,從專業上賺錢效益更大,那去兼差做非專業性工作是否理性?我會建議先讓自己有一技之長,讓你不管如何都有退路,此時其他的機會就都可以大膽嘗試了。

==第三,永遠要知道自己的市場行情==,有時,你只要離開現在的工作,其實就有機會獲得理想的收入了,但你卻未必知道這件事。你一定得去外頭試試水溫,隨時知道自己的行情在哪。

==第四,不要一開始就拒絕可能的賺錢機會==,你可以嘗試一

次兩次,感受一下這些會不會是適合自己的賺錢方式。至少你可以藉由這個過程得知,自己有沒有本事吃這行飯。

Lesson 8 練習　盤點創造收入的方法

試著盤點自己創造收入的方法吧,請列出最少 10 種創造收入的方法:

1.＿＿＿＿＿＿＿＿＿＿,平均每月可增加＿＿＿＿＿元。
2.＿＿＿＿＿＿＿＿＿＿,平均每月可增加＿＿＿＿＿元。
3.＿＿＿＿＿＿＿＿＿＿,平均每月可增加＿＿＿＿＿元。
4.＿＿＿＿＿＿＿＿＿＿,平均每月可增加＿＿＿＿＿元。
5.＿＿＿＿＿＿＿＿＿＿,平均每月可增加＿＿＿＿＿元。
6.＿＿＿＿＿＿＿＿＿＿,平均每月可增加＿＿＿＿＿元。
7.＿＿＿＿＿＿＿＿＿＿,平均每月可增加＿＿＿＿＿元。
8.＿＿＿＿＿＿＿＿＿＿,平均每月可增加＿＿＿＿＿元。
9.＿＿＿＿＿＿＿＿＿＿,平均每月可增加＿＿＿＿＿元。
10.＿＿＿＿＿＿＿＿＿＿,平均每月可增加＿＿＿＿＿元。

本堂課的收穫

Lesson 9
設定我的收入成長計畫

在 Lesson 8 中,我們一起盤點了創造收入的方法,經過盤點後,你會發現獲取收入的方法其實遠比想像的更多,這是值得高興的一件事。但是想永遠都是容易的,做才是真正難的,所以 Lesson 9 我們將一起來設定自己的收入成長計畫,讓收入成長這件事變得具體可行。

收入成長計畫

如果你是個設計師,你覺得接案是一種可以增加收入的方式,但之前你沒做過,那要如何驗證這件事是具體可行的呢?你得試著去接案。而要怎麼啟動這件事呢?你可能得找身邊的機會,看有沒有朋友的公司想要外包設計工作;或者上各種接案平台去找案子;還可以把自己的作品公開,並直接宣告你想接案,這些都是方法。

如果你覺得做團購可以賺價差或佣金,那你就去開一個團試試看,看能否賺到你期望的收入,並且看看投入的時間 CP 值高不高。

如果你覺得自己可以做講師，那你或許不用先找管顧公司幫忙，而是試著從身邊的朋友問起，看有沒有人想聽你分享某個主題，從小眾分享或講座開始。一個小時的講座收 200 元，然後現場問問大家，願不願意繼續參加下次的分享活動。接下來，你可以試著去擴大規模或拉高價格，看看自己到底能不能與適不適合吃這行飯。

如果你想寫書，或許你可以從簡單的出版品開始，寫寫網路文章，看大家對你的內容反應如何。不過永遠要記得，有流量不意味著別人願意為這內容付錢。所以一段時間後，你可以試著開啟付費訂閱或單篇創作贊助模式，來看看讀者是否願意為你的內容付錢。當然了，如果你已經小有名氣，可以選擇跳過前面這個環節。

如果你覺得自己可以做職涯諮商，就先試著提供身邊朋友這方面的協助，然後漸漸轉成收費服務，可以從一次 500～1,000 元開始做起，去了解這是不是市場需要的，以及你自己是否能真正做好這件事。

免費→驗證需求→收點小錢→驗證他人付費意願→提高價錢→驗證自己是否具備更高價值，這是一個常見的做法，提供大家參考。

驗證收入成長的能力

不過千萬要記得，列出收入成長計畫不意味著你馬上就要全心投入，這只是在**探索可能性**。就如同我在 Lesson 8 跟大家分享過的觀念，我第一次去外面講課時，鐘點費是 3,000 元，上完一次之後還有下一次的邀約，這樣一來，我就知道自己確實可以透過這件事來獲取每個小時 3,000 元的收入。但是，這並不代表我馬上就要成為全職的講師。

這件事，只是讓我知道，**如果我在財務上有更高的需求，這會是一個可行的方式**。同樣地，我也會去演講，也會寫文章賺稿費，這都是我試驗過，可以穩健地創造持續收入的方法，但在我評估過自己要投入的時間後，還是選擇在當前的專業領域上扎根，把更多的時間花在提升自己的專業能力上。

重點在於，藉由這過程，**我知道自己其實有本事可以賺更多**。當我有需要時，隨時可以透過這方法增加短期收入。

你可以為自己設定一個三～六個月的計畫，去快速驗證這些增加收入的方法。在你嘗試過幾種模式後，或許就會找到一兩種 CP 值較高的方法，在時間許可的情況下，你可以考慮將這些方法轉變成一種長期的收入源。

當你的專業能力已經累積到一定程度，而且也找出了幾種可以穩定增加收入的方法，你可以為自己設定一個更大的目標，例如一年時間讓自己的收入提升 20 ～ 30%。設定目標的

意義在於，你將會更認真去看待每個收入來源，是否有機會放大，是否提供足夠的 CP 值，是否適合長期做下去。經過反覆的思考與驗證，你的收入模式就會愈來愈扎實。

累積能力比短期賺錢重要

如果你剛出社會不久，或者還沒有一個足以獨當一面的專業，那我會建議先把時間花在累積一個專業上，因為此時的你，就算找到其他增加收入的方法，絕大多數也都屬於勞動性收入。你會花大把時間，但一年後，卻會發現自己仍然無法擺脫目前的低收入狀態。

當你還沒有一項足以自豪的專業，我會建議你把收入成長計畫設定為一年。問自己一年後你希望能值多少錢？如果現在是 30,000 元收入，你希望一年後能值 40,000 元，那就得研究一下在你現在的專業領域上，領 40,000 元的那些人都擁有什麼樣的能力跟經驗。接下來這一年你要做的事，就是讓自己有那樣的能力，並累積好對應的經驗。

長期收入比短期收入更重要

如果有兩份工作擺在你面前，一份月薪多 5,000 元，但工作缺乏挑戰；另一份的薪水與目前相當，但更能累積未來所需要的能力與資歷，請問你會怎麼做選擇？

我的建議是再多面試幾家公司，多看看通常能找到薪水提升，同時還有學習機會的工作。但如果只有兩個選項時，請選擇對長期更好的選項。如果你的生活並不缺那 5,000 元，也就是說可支配所得足夠你應付日常的突發性需求，千萬不要因為 5,000 元這個非關鍵因素，而放棄累積能力與資歷的機會。

只要想想，60,000 元，換今年一整年的工作體驗，你是否覺得划算？我想你稍加思考就能做出判斷。

人生體驗有時比收入更重要

收入，對每個人來說都是重要的，畢竟有錢，確實能解決許多問題。但衡量人生時，我們並不會用誰賺了最多錢當作唯一的判斷標準。有些人收入很高，但生活一點也不自由，跟家人的關係疏離，即使工作成就高，但活得並不幸福；有些人收入尚可，工作上成就也稱不上傑出，但花了許多時間在個人興趣上，也投入許多時間陪伴自己的孩子，生活非常幸福。

你希望過著什麼樣的生活，取決於將時間花在什麼地方。

打從 2008 年左右，我便會定期為自己安排一段休息時間，我稱之為休耕期。這段時間我不會工作，而是好好休假。當我還在公司上班時，我會請五～七天的連續假期出國旅行。旅行期間我不處理公事，因為那段時間是我陪伴家人的時間，也是放空自己重新思考的時間。

成為自由工作者到後來的創業，我每隔一段時間就會給自己放長假，通常是兩週以上的假期，最長的一次是約莫半年。休耕期間我會完全放掉工作，花一些時間淨空，然後仔細思考自己未來的方向。

　　賺錢很重要，而如何過好生活更重要，賺錢是為了過好生活，前者是手段，後者通常才是目的。請務必經常提醒自己。

Lesson 9 練習　我的收入成長計畫

1. 我預計透過＿＿＿＿＿＿＿＿來提升收入＿＿＿＿＿＿元。
   我的計畫是＿＿＿＿＿＿＿＿＿＿＿＿＿＿＿＿＿＿＿
   ＿＿＿＿＿＿＿＿＿＿＿＿＿＿＿＿＿＿＿＿＿＿＿＿

2. 我預計透過＿＿＿＿＿＿＿＿來提升收入＿＿＿＿＿＿元。
   我的計畫是＿＿＿＿＿＿＿＿＿＿＿＿＿＿＿＿＿＿＿
   ＿＿＿＿＿＿＿＿＿＿＿＿＿＿＿＿＿＿＿＿＿＿＿＿

3. 我預計透過＿＿＿＿＿＿＿＿來提升收入＿＿＿＿＿＿元。
   我的計畫是＿＿＿＿＿＿＿＿＿＿＿＿＿＿＿＿＿＿＿
   ＿＿＿＿＿＿＿＿＿＿＿＿＿＿＿＿＿＿＿＿＿＿＿＿

本堂課的收穫

Lesson 10
練習盤點並活用自己的資產

Lesson 9，我們談到了關於個人財務的思考，絕大多數都是著眼於錢的議題上，有錢，人生確實多了許多的選擇。但很多年輕夥伴可能才剛出社會，手邊沒什麼錢，每個月的可支配所得也真的很少，又缺乏家裡的支持。這種情況下，我們又該如何思考？

如果你剛出社會，沒錢、沒人脈，也缺乏獨當一面的專業，這時對你最好的選擇就是學習，加強專業能力、累積經驗與人脈，讓自己早日變強，這是最務實的做法。除此之外，你還是可以先思考「資產」這件事，提早做準備，讓自己在兩年後擁有更多的本錢做選擇。

什麼是「資產」呢？簡單的說就是**能創造實質價值的那些事物**。錢是資產，房子、車子是資產，專業能力、人脈關係、身份地位、經驗、著作物等，其實都算是資產的一種。好的資產可以為你創造機會，或者帶來獲利；而壞的資產則是負債，很可能讓你身敗名裂，也可能給你帶來額外的虧損。因此在做資產管理時，我們要思考三件事：

1. 累積好的資產
2. 清除壞的資產
3. 持續活化資產,避免資產的閒置與浪費

資產盤點

　　出社會這些年來,在外頭走跳總是會聽到很多人跟你說他手邊有很多資源,可以幫你做各種資源的對接,或者想跟你合作,拿彼此的資源來交換。但說真的,這些滿口資源的人,絕大多數都不是真正掌握決策權的人。也就是說,這些東西根本不是他們手上的可支配資產,他們是投機分子,想看看能否在這過程中獲得好處。

　　在這邊,我想先跟大家說一個基本觀念,跟可支配所得一樣,**如果你對某些事物並未享有可支配權,那它就不是你的資產,頂多算是一種有機會去爭取到的資源**。包含你父母的財產、車子,或者你好朋友所擁有的人脈,在你擁有之前,它們都不是你的資產。

　　在盤點資產時,我習慣分成兩個維度來思考:**有形／無形資產、可支配／有機會資產**。

　　所謂的有形資產指的是有實體的事物,例如錢、股票、房子、車子、手機等,而無形資產指的是像經驗、能力、名聲、流量、人脈關係、時間等。

可支配的資產指的是完全掌握使用權、所有權在自己名下的那些事物，有機會資產則是你可以直接或間接去爭取到的資產，例如雙親名下的財產，他們有可能會給你，也可能不會；或者因為你有一定的知名度，所以有些出版社正在跟你談出書的事情，此時待出版的書籍就是一種有機會資產。

	有形資產	無形資產
可支配	1. 存款 100 萬 2. 金融商品現值 150 萬 3. 桃園市房子一棟 4. TOYOTA 休旅車一台 5. iPhone Pro 兩支 6. Macbook Pro 一台	1. 10 年專案管理經驗 2. 專案管理領域知名度 3. 一個流量 200 萬的部落格 4. 社群知名度 5. 專案管理領域人脈 6. 與獵頭間的好關係 7. 週末的時間
有機會資產 （尚無法支配）	1. 雙親名下 2,000 萬財產 2. 雙親名下兩台 200 萬名車	1. 高階管理社群成員 2. 出版書籍（有出版社找）

我們可以透過這個過程仔細地檢視自己的資產現況，你可以盡可能列出來，因為很多時候一些有用卻被閒置的資產，會在這個過程中被挖掘出來。

迴紋針換一棟房子的故事

談論如何運用盤點完的資產前，我們先來聊聊一個距今約

莫 20 年前的事件。在 2005 年時，加拿大一位部落客啟動了一個資產交換的實驗，他起初只有一個迴紋針，而他想試著用這個迴紋針去交換價值更高的事物。

第一次，他用迴紋針換到了一支筆，

第二次，他用筆換到了一個手工雕刻的門把，

第三次，他用門把換到了一個攜帶式卡式爐，

第四次，他拿卡式爐換到了本田發電機，

⋮

第 12 次，他用與搖滾歌手共度一下午的機會換了接吻樂團的電動雪花球，

第 13 次，用接吻樂團的電動雪花球換到了在一部電影中飾演某個角色的機會，

第 14 次，他換得了兩層農舍。

經過 14 次的交換，歷時一年左右的時間，他換得了價值高出迴紋針數千萬倍以上的物品。這是一個真實事件，整起事件中當然有許多媒體推波助瀾的成分在。但卻也反映出「交換」這件事，看的是被交換的事物在雙方眼中的價值。

當我想要一個迴紋針時，筆的價值就不如迴紋針；當我想要接吻樂團的電動雪花球時，我可以用電影中某個角色的飾演權來交換。

我們必須學會運用自己擁有的資產，去交換想要的事物。

最理想的狀態是，與我交易的另一方擁有我想要的東西，而他剛好也需要某項我雖擁有，但對我而言不是那麼重要的事物。

活化你的資產

盤點完後，緊接著，我們得來思考如何運用這些資產。即使擁有很多資產，假如沒有好好地利用，那就是一種浪費。另一方面，如果我們明知道自己未來會需要某些資產，但卻沒有花時間去累積它，那就是一件很可惜的事。

關於資產的運用與累積，一般我會朝以下幾個方向思考：

第一，資產運用，目前手邊的資產應該如何運用才能發揮最高價值？

可思考的範圍包括錢與金融商品的配置跟投資，或是動產與不動產的操作。房子是否要租給別人？很少在開的車子要不要賣掉？我擁有不錯的知名度，是否要去接演講，或是幫企業客戶上課？我好朋友要創業了，邀請我加入，我要不要投入？

這一題涉及的範圍是你現在已經擁有，或者努力一下就有機會獲得的資產。你打算如何去配置呢？

第二，資產準備，邁向未來的人生路上，我會需要累積哪些資產，可以讓我更順遂？

如果你打算在兩年後轉換跑道，例如離開公司創業，或者成為自由工作者，到那時候你會需要些什麼？有可能是足夠的

資金,也可能是更高的知名度,或者某些重要的人脈。

這些未來需要,但現在所欠缺的,就是接下來這段時間要去努力累積的。

第三,資產活化,有哪些資源我需要,不過我不具備可支配權,但我可以拿我擁有的資產去交換?

Lesson 9 我們提到了「富人思維」的觀念,富人不見得真的富,但他們習慣拿自己擁有的東西去交換自己沒有的。相同的概念用在個人資產這件事情上,你一樣可以拿自己擁有,而別人感興趣的資產去交換自己所需要的其他資產。

舉例來說,你花錢去請別人當創業顧問,這就是一種資產的交換;A 是你的好朋友,B 是你想認識的對象,而剛好 B 想要認識 A,所以你居中牽線讓兩人認識,在這過程中你也換來了 B 對你的好感,這是屬於人脈資產的交換與累積。

清楚自己手上有什麼資產,並將這些資產拿出來加以利用。當你具備這種活化資產的概念時,便不會只著眼於銀行帳戶裡的數字,而是開始從資產的角度思考。拿你有的去換回你要的,讓自己距離目標更靠近一些。

Lesson 10 練習　我的個人資產盤點

本堂課的主要任務是個人資產盤點，你可按著以下表格進行盤點：

	有形資產	無形資產
可支配		
有機會資產 （尚無法支配）		

本堂課的收穫

Lesson 11
時間與精力才是最重要的核心資產

經過前面幾堂課的思考，我們會漸漸提高對獲取收入，運用資產的概念，而這也是經營一家公司需要有的財務觀念，你其實有本事獲取更多收入，也有資產能與人交換你所需要的事物。但我們永遠要記得，最重要的資產始終是自己，我們將時間花在哪兒，都會決定我們未來往哪兒去。

以我而言，就是因為這樣的想法，我才會在研究所時期決定辭掉幾份兼差，專注於學業並把論文完成，因為我認為順利畢業比賺錢更重要。出社會後的兼差，在一些外部刺激後我也決定停下，因為我認為學習比短期收入更重要。年輕時雖然我的商業意識沒那麼強，但還是會盡可能選擇對未來更好的那個選項。

在任何時刻，我們都要盡可能將自己的時間與精力保留給最重要的事。做好最重要的事，所能創造的效益遠高於你做 100 件瑣碎的事。我們得讓自己的時間空出來，同時把自己的腦袋也空出來，才有餘裕思考，也才有餘裕往人生下個階段邁進。

把時間空出來，時間管理很重要

「時間對每個人都很公平，差別只在每個人對待時間的方式不同。」

你能否列出下個星期的完整行程，並對行程加以分類，看看自己的時間都花費在哪些地方？

下圖是多年前我擔任專業經理人時的行事曆，當時我在某家大公司擔任部門最高主管，管轄的部門超過 20 個，所以可以看到我的行程中充滿了各種會議。事實上，我所有的時間都花在各種管理會議、業務會議、產品會議與跨部門會議，以及我轄下各部門的部門會議上，時間窘迫到連經常性的一對一談話，都只能用午餐時間。

	日	一	二	三	四	五	六
0800-0900			公司會議	部門會議		部門會議	
0900-1000			公司會議			公司會議	
1000-1100		公司會議	公司會議	公司會議	公司會議	公司會議	
1100-1200		公司會議	公司會議	公司會議	公司會議	公司會議	
午餐時間			一對一	一對一	一對一	一對一	
1300-1400		公司會議	公司會議	公司會議	公司會議	公司會議	
1400-1500		公司會議	公司會議	公司會議	公司會議	公司會議	公司會議
1500-1600			公司會議		公司會議	公司會議	公司會議
1600-1700		公司會議		部門會議	公司會議	公司會議	
1700-1800		公司會議	部門會議	部門會議			
1800-1900					部門會議		
1900-2000					部門會議		

這種行程下，工作的品質不可能太好，生活的品質也不會太好。經過有意識的努力，三個月後我的一週行程變成這樣。

	日	一	二	三	四	五	六
0800-0900							
0900-1000		公司會議	部門會議				
1000-1100		公司會議	部門會議	公司會議	部門會議	公司會議	
1100-1200		公司會議	部門會議	公司會議	部門會議	公司會議	
午餐時間							
1300-1400		公司會議	一對一	一對一	一對一	一對一	私人行程
1400-1500		公司會議	產品會議	部門會議	部門會議	產品會議	私人行程
1500-1600	私人行程		產品會議	部門會議	部門會議	產品會議	私人行程
1600-1700	私人行程	部門會議	專案會議	部門會議	部門會議		私人行程
1700-1800		部門會議	專案會議				
1800-1900				私人行程	私人行程	私人行程	私人行程
1900-2000				私人行程	私人行程	私人行程	私人行程

行程的數量或許沒有減少，但可以看到屬於公司會議的套色區塊大量減少了，從原先需要消耗 32 個小時的會議，減少為九個小時；而原先占用午餐時間的一對一，也被我調整到下午一點，除此之外，我將更多時間放在部門內的管理，也把晚上跟週末的時間都保留給私人行程。

這兩個版本的行事曆，最大的差異在於時間的自主權。本來我的行事曆是被公司、老闆和主管決定，我必須要出席他們認為需要我的每個會議，但很多時候我只是擔任備詢角色，不見得要參與，我只要能找到解決問題的方法，或者找到能替代

我的人，就能不參與會議，甚至可以建議直接取消會議。

三個月的時間，我就不停地運用這樣的方法，努力找回自己時間的自主權。

把精力找回來，精力管理更重要

時間管理做得好，你就能更加妥善運用自己的時間。在35歲前，我主要把注意力放在放在時間管理上，因為我認為專業經理人角色，遭遇到的挑戰太多了，能做好時間管理，找回時間的主導權已經很了不起了。

但在35歲之後，我接觸了心流，開始覺察到自己在心流狀態下的生產力有別於一般狀態，其中的差異可能高達10倍。我回想起剛出社會那段時間，每天回家都寫程式到兩點還樂此不疲的狀態，這才發現，那時的我應該就是處在心流狀態，所以短短半年的時間，程式能力才會突飛猛進，甚至從本來基礎最差，一路躍升為部門的頂梁柱之一。

精力，是注意力、體力與腦力的綜合體。生活中有許多事特別耗能，有些事則會給自己增加能量。那些耗能的事，會大幅消耗精力，而增能的事，對精力的耗損則相對較低，而且還能帶來愉悅感，讓自己更容易進入心流狀態。

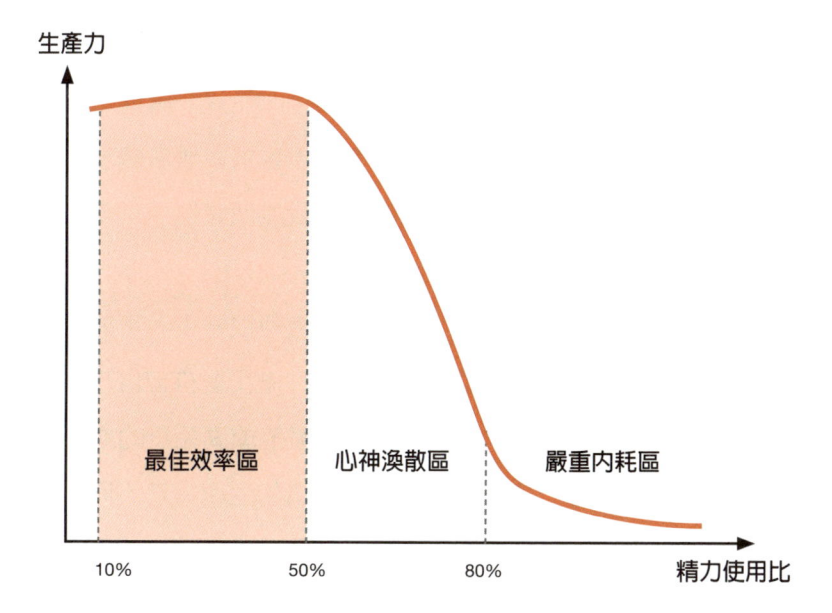

```
生產力
 ↑
 |━━━━━━━╮
 |       ╲
 |        ╲
 |         ╲
 |          ╲
 |  最佳效率區  心神渙散區    嚴重內耗區
 |_____╲_____→ 精力使用比
 10%       50%      80%
```

上圖是關於精力使用狀態與生產力之間的關係，在精力使用量低的時候，我可以很輕易進入心流狀態，因為腦袋中沒有太多煩惱或讓人內耗的事，我就可以非常專注，在短時間內完成複雜的任務，效率非常好。我稱之為最佳效率區。

不過隨著事情的增加，工作任務的加重，需要煩惱的事情變多，要應付的人與事變雜，也會讓不如預期的事增加，這時我雖然還是能處理，也能保持基本的冷靜來處理每件事，但我知道自己其實並不在狀態內，很難進入心流狀態。有時夜深人靜沒有其他干擾時，能夠產生一小段的心流狀態時間，但因為時間也比較晚了，身體也會累，所以持續時間並不長。

當事情與問題多到一個程度時，我通常只能靠著時間管理的技巧，嘗試去安排每件事情的優先順序，並逐一處理。但因為進不了心流狀態，我不僅生產力低落，也根本無法處理那些需要大量腦力的任務，在這種情況下，我能做好的通常就是那些例行任務。

在別人的視角看來，我可能還是能處理很多事，可能還會獲得讚賞說我怎麼有辦法搞定這麼多事。但我是有苦自己知，因為那種狀態下，我根本沒法做任何有價值或高品質的產出。

對我來說，每一分精力的使用所創造的生產力是不同的，精力使用量愈高，生產力往往愈差。

精力使用量跟投入時間有正相關，但投入時間並非唯一影響的因素，因為當我投入在開心的事物時，我很可能會連續工作兩天兩夜，但長時間都在最佳效率區。

跟精力使用量有關的因素除了時間之外，還有工作內容與人際關係。有些事情雖乏味卻又不得不參與，像是會議、帳務問題，或是組織政治問題，對我來說都是極端耗能的事；或者應付一些難搞的人，像鴨霸的客戶、難相處的同事等，這些其實都會嚴重消耗能量。

活到這個年紀，當然我也有一堆處理這些人與事的方法，但不代表這些不耗能。我只能降低它的耗能量，但無法降到毫無影響。當我意識到自己進入心神渙散區一段時間之後，就會

嘗試給自己踩煞車,問題不大就休息個幾天,問題大就進入休耕狀態。

我這輩子有兩次進入嚴重內耗區,一次歷時半年,一次歷時兩個月,都是很糟糕的經驗。當時不僅每天起床都覺得累,甚至到睡前腦袋都還在想著要處理的事跟要面對的人,對很多事都提不起勁,對人也沒什麼耐性。

這麼多年下來,我慢慢找到調節精力的方法:

- 投入有熱情的事
- 跟相處起來舒服的人為伍
- 對凡事懷抱感恩
- 追求需要的,而非想要的
- 採取行動或果斷放棄,不要糾結
- 好好回報對自己好的那些人
- 滿足自己而非滿足他人
- 幫助他人成長

工作與生活中,總不會一切都順利,但當我愈往以上這些內容靠攏,獲得的結果通常愈好。

運用資產買回時間與精力

李笑來在《通往財富自由之路》一書中曾提到,個人商業模式分為三個層次:

- 第一個層次,一份時間出售一次,如面對面的授課與顧問服務。
- 第二個層次,一份時間出售多次,如線上課程、出書、將線上課程轉成書、將書轉成線上課程⋯⋯一次的時間投入,可以換回複數個收入源。
- 第三個層次,購買別人的時間再賣出去,如將工作外包出去,找員工幫我處理 50% 的任務,讓我空出一半時間。

很多時候,我們會用自我管理的方法來優化時間與精力管理,例如做好時間管理,拒絕掉耗能的事物,想辦法節約自己的精力。但今天我們身為自己生命的 CEO,也得學會運用更多商務技巧來解決所遭遇的問題。千萬記得,要拿你擁有而且重要性相對較低的資產,去換回現在所缺乏的東西。

如果時間對你來說很重要,那花錢買時間會是個好方法。什麼叫花錢買時間呢?例如叫外送,用外送費省掉出門買午餐跟排隊的時間;花錢上課,省掉自己花時間摸索與試錯的時間與成本,都是在買時間。當你發現用錢能買回寶貴的時間,而那些時間可以讓你挪為他用,代表這是一個你能思考的方向。

如果有些事情省不了,但你做起來很耗精力,例如打掃家

務，那你可以花錢請居家清潔或整理師來幫忙處理，或者可以選擇買掃地機器人或洗碗機，這樣就能在週末時好好休息。這不是懶惰，也不是亂花錢，而是你在審慎評估過後，認為這麼做可以減少自己的精力耗損，才做出的決定。

這個段落我只是想要提醒大家，在思考解決問題的方法時，一定要把自己擁有的資源考慮進去，這樣一來一定能找到更多更好的解法。

Lesson 11 練習　找出生活中最耗能的事

1. 生活中最耗能的事是＿＿＿＿＿＿＿＿＿＿＿＿＿＿＿＿。
   我打算透過以下方法來排除這件耗能的事
   ＿＿＿＿＿＿＿＿＿＿＿＿＿＿＿＿＿＿＿＿＿＿＿＿

2. 生活中第二耗能的事是＿＿＿＿＿＿＿＿＿＿＿＿＿＿＿。
   我打算透過以下方法來排除這件耗能的事
   ＿＿＿＿＿＿＿＿＿＿＿＿＿＿＿＿＿＿＿＿＿＿＿＿

3. 生活中第三耗能的事是＿＿＿＿＿＿＿＿＿＿＿＿＿＿＿。
   我打算透過以下方法來排除這件耗能的事
   ＿＿＿＿＿＿＿＿＿＿＿＿＿＿＿＿＿＿＿＿＿＿＿＿

本堂課的收穫

Lesson 12
從八面向規劃我的目標與行動計畫

思考過定位，盤過資產後，我們準備要邁出下一步了。現在在你腦袋中肯定有許多想做或認為自己該做的事，但到底該往哪個方向去？哪件事才是最重要的呢？

Lesson 1 時，我們寫一封信給一年後的自己，其實已經隱含著你最希望看見的樣子，那封信承載了你對今年的期望，也承載了對明年的想像。

你可以稍微回顧一下當時寫下的內容，接下來，我們便以一年為期，練習做年度目標設定吧。

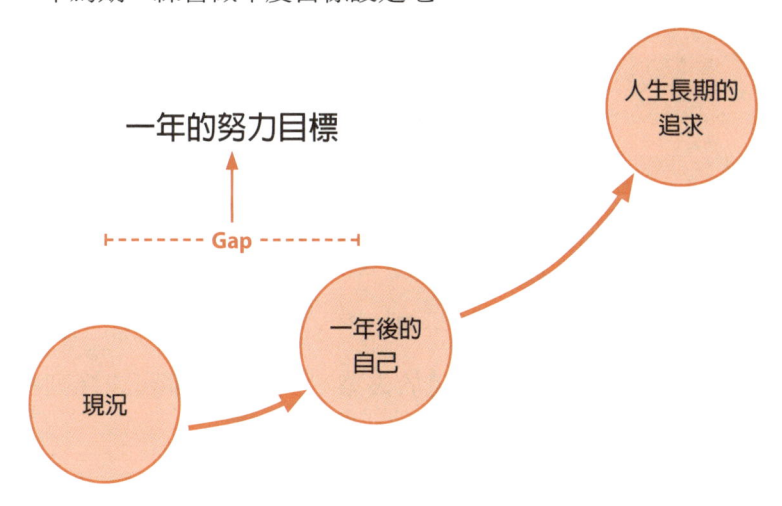

一年的努力目標

Gap

現況 → 一年後的自己 → 人生長期的追求

首先,請大家先想想,現在的你與一年後的你,差距在哪?又該怎麼讓自己花一年的時間走到一年後期望的位置呢?是要努力學習為轉職做準備?還是要多參加社交活動找到另一半?抑或是培養運動習慣,改善身體健康狀況呢?

如果你還是有一些關於選擇目標的障礙,那我會建議你朝向以下八個面向去思考,分別是**工作成就、生活紀律、生理、心理、財務、能力、人際跟人生成就**:

	想追求的	想改善的
工作成就	具備獨當一面的工作能力	與主管的溝通問題
生活紀律	每週運動三次	
生理	減重 5KG	減少含糖飲量攝取
心理	更有自信	
財務		減少日常開支 5K/ 月
能力	提升商業思維	
人際	參與社群活動擴展人脈	改善親子關係
人生成就	完成一次鐵人三項	

工作成就:

針對工作內容、職務、環境上,升遷、輪崗、換工作、換職務、改善工作績效、免於失業、找工作等都可以條列在此處。

生活紀律：

包含今日事今日畢、固定學習、早睡早起、上網習慣等生活上的方方面面。你可能會在右側欄位中填入養成早睡早起的習慣，或改善頻繁滑手機看 Facebook 的習慣。

生理：

指的是與你身體有關的大小事，例如健康問題、體重過輕或過重、睡眠不足等，改善脂肪肝、降低體脂率、每天睡滿 8 小時等，都是你可以設定的方向。

心理：

與內心、思考有關的大小事，例如學習焦慮、對某些事患得患失、不喜歡但卻不懂得拒絕、不安全感等。降低學習焦慮感、學會優雅的拒絕，或許都是你可以設定的方向。

財務：

與收入、薪水、積蓄、理財、投資等相關的事，你都可以放在這。例如全年收入要增加 20%、加薪 15%、學習理財、買房、減少每月支出 20% 等。

能力：

　　個人能力的改善與提升，例如學習商業思維、學習簡報技巧、改善溝通表達能力、改善時間管理不當問題等。

人際：

　　同事、同學、朋友、父母、伴侶、小孩，甚至各種廣泛的人際關係，請在該列的右側填入想追求的或要改善的人際問題，例如在想追求的欄位中填入「找到女朋友」，或者在要改善的欄位中填入「改善與同事間的溝通」。

人生成就：

　　這裡指的是一些你感興趣或想要刻意培養，但不見得與工作有直接關係的事項，如素描、旅行、閱讀等；也可能是你覺得這輩子一定要做到的那些事，例如環遊世界、完成一次馬拉松比賽等。

　　當你盤點完全部可能性之後，請從中挑選出三項你認為最重要，而且在最近三個月一定得達成的項目。

　　假設你選擇了以下三項：

1. 具備獨當一面的工作能力。
2. 改善健康狀況。
3. 擴展人脈。

為目標設定清楚的定義

接著呢，為了確保我們努力的方向會是正確的，必須針對這三個目標做更清楚的定義。

請問：「什麼叫做獨當一面的能力呢？或者說，什麼情況下你可以大方的跟別人說自己已經獨當一面了呢？具體的定義或情境是什麼？」

獨當一面通常指的是能搞定大小事，不需要有人瞻前顧後。如果你是一個專案經理，但之前專案管理得零零落落，常常掉球，那你得改善這狀況；如果你明明是個專案經理，但每次在對高階主管報告時，卻總是要靠直屬主管幫忙補充資訊或回應挑戰性問題，那你也得改善這個狀況。

所以，如果真的要對獨當一面做定義的話，或許以下兩項可以列為應該達成的關鍵結果：

1. 可以搞定專案的大小事，讓專案如期如質如預算完成。
2. 在專案相關的會議上能獨立報告，並且直接回覆高階主管關於專案的種種問題。

你的目標是成為一個**獨當一面的工作者**，而用來判斷你是否已經獨當一面的關鍵結果則是**可以搞定專案大小事**，以及能夠**應付專案會議**。

那改善健康狀況又該怎麼定義呢？可能是因為你健康檢查出現了紅字：膽固醇過高，所以你希望能降低膽固醇，目前的數值可能是 230，但標準是 200 以下，於是你給自己設定了降低膽固醇的目標，要從 230 降到 200。

除此之外，你覺得自己近期缺乏運動，所以很容易疲勞且容易喘，所以也給自己設定了每週運動三次的目標。那麼在改善健康狀況這個目標之下，就有兩個用來衡量的關鍵結果，那就是**降低膽固醇到 200 以下**，以及**每週運動三次**。

針對擴展人脈的目標，你一樣會設定關鍵結果，可能是每個月參加兩次以上的社群活動，也可能每月最少在學院的 LINE 群組中，結交同為產品經理的兩位同好。總之，有目標，有關鍵結果，這個目標就會變得具體了。

上方我們用來定義目標的結構叫做 OKR，是一個近年來很紅的目標管理工具。O 是 Objective 的縮寫，指的是目標；KR 代表的是 Key Results，也就是關鍵結果，是用來衡量與判斷目標是否達成的成果。

設定行動計畫

當我們對目標有了具體定義,接著就準備採取行動了,畢竟關鍵結果不可能在什麼都不做的情況下就能達成。

所以我們得問自己:「要做些什麼事才能達成關鍵結果?」

針對第一個目標:

O:具備獨當一面的工作能力。

KR1:可搞定專案的大小事,讓專案如期如質如預算完成。

KR2:在專案相關的會議上自己報告,並且直接回覆高階主管關於專案的種種問題。

你盤點完原因後認為問題出在幾個部分:

1. 專案管理的知識薄弱,規劃跟風險控管都做得不好,需要更扎實地學習專案管理。
2. 橫向溝通與向上溝通常常出現認知錯誤,或者詞不達意的狀況,經過與前輩的討論,發現自己缺乏的其實是商業思維。
3. 除此之外,也發現自己不太會控管會議,常常讓會議失焦或開得太過冗長。

在盤點完之後,你認為自己需要強化專案管理、商業思維與會議管理能力,所以決定選修學院的專案管理學程,並且定期閱讀商業思維百科,然後準備上經典課中的會議管理。

要修完這些內容可能要花 120 小時左右，盤點一下自己每月可以投入的時間，預估約需花三～四個月完成，排妥學習計畫後就準備開工囉。從這邊我們發現，學習計畫是為達成關鍵結果而採取的行動（Action Plan，簡稱 AP）。

切記，行動必須要與關鍵結果相關。簡單地說，執行了幾個行動計畫後，關鍵結果應該就要達成。如果事情都做了，但結果還是不如預期，這意味著要不做法有問題，要不就是執行不到位。

在設定關鍵結果時，你有可能會落入不知道要怎麼做或做什麼的窘境，這時候不用心慌，一定要趕快去請教專家，因為他們通常很快就能幫你突破盲點。另一種可能是，你雖然知道要學習，卻不知道該學什麼，或者該如何學，這時你同樣得靠專家幫忙解惑，他們通常能告訴你該怎麼做。也就是說，當遇到瓶頸時，專家能夠幫助我們快速找出問題癥結。

那接著，就請大家回到本堂課的任務上，根據上述引導來完成你的季度目標。為什麼是季度呢？因為我認為年度的計畫的變數太大了，我們可以先思考大致方向，但如果要落實的話，我們還是優先思考一季跟最近一個月的目標就好，這會讓我們先有個好的開始。

季度目標─範例

目標	O1：改善健康狀況	O2：找到理想工作
關鍵結果 Key Result （用來衡量目標）	KR1：膽固醇降到 180 以下 KR2：體脂率降到 18% 以下	KR1：軟體公司 PM KR2：年薪 100 萬以上 KR3：工作地點在台北市
行動方案 Action Plan （達成 KR 要做的事）	AP1：晚餐不吃紅肉 AP2：每天喝水 3000 c.c. AP3：每週運動三次（每週二、四、五）	AP1：兩週內完成個人作品集整理 AP2：四週內完成個人履歷修改 AP3：第二個月起每週整理 10 家以上感興趣的公司，並寄出求職信 AP4：最少錄取三家公司並從中挑選最喜歡的職缺

而在思考行動計畫時，請把自己擁有的資產考慮進去，養成善用資產達成任務的習慣。這樣一來，你在未來會愈來愈省力，也會愈來愈懂得持續累積資產。

Lesson 12 練習　打造我的行動計畫

我的季度目標

目標
Objective

關鍵結果
Key Result
（用來衡量目標）

行動方案
Action Plan
（達成 KR 要做的事）

本堂課的收穫

Part 3

SHAPE

定位自己,
打造產品

定位自己,找到適合的人生位置,
讓自己發光發熱。

Lesson 13
打造個人品牌,我的存在無可取代

個人品牌是我們今天要跟大家探討的議題。前面的段落,我們分別聊了關鍵字、定位與價值,也說明了價值主張的概念。你必須要能滿足市場的需求,或解決客戶的某些痛點,你的價值才會被認可。簡單地說,你的產品是好是壞,最終還是要看市場的反應。當然了,若你不是那麼重視別人的觀感,那個人品牌這件事對你來說其實大可不必放在心上。你就好好做自己就行了。

不過有清晰的價值主張是否就等於擁有個人品牌呢?我的答案是否定的。

價值主張只是說明了你能提供什麼產品或服務來滿足市場的需求,進而知道如何創造出價值。

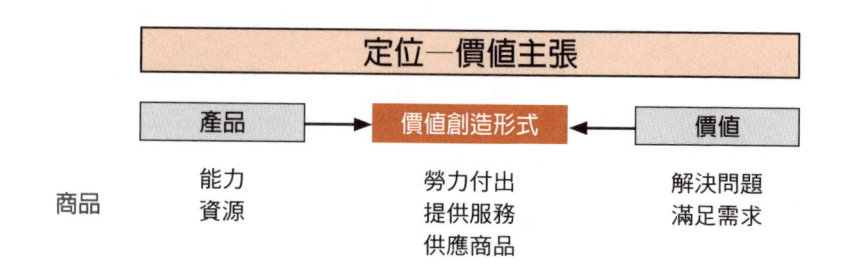

```
                    定位—價值主張

      產品        →   價值創造形式   ←      價值

        能力          勞力付出          解決問題
商品    資源          提供服務          滿足需求
                      供應商品
```

你是專案管理課程的講師，專案管理課程就是你的產品，而你能提供的價值則是讓大家學會專案管理這門知識。這樣的講師在市場上可能有上百人，你跟其他人有什麼不一樣的地方？你的內容是走實戰取向嗎？或者你可以把困難的觀念講到大家都懂嗎？

你是個專門寫職場文章的創作者，寫職場各種觀念、解惑、情境剖析的文章是你擅長的，而能創造的價值就是幫上一些職場上遭遇到問題的讀者們，也就是你的價值主張。但是寫職場文章的人有上千人，你跟他們有什麼不一樣呢？你會深入剖析每個案例嗎？還是你會額外提供職場問題的諮詢呢？

你的人脈豐沛，所以你能幫忙引薦人脈，介紹兩個人相互認識。但掌握人脈的人也不少，願意做商業引薦的人也很多，你跟這些人有什麼不一樣呢？你會不會先做好背景資訊的了解，確保雙方是適合的合作對象，而不是隨意介紹呢？

如果無法清楚地分辨你與其他人的差異，那你就是個商品，還不算是個品牌；如果潛在的目標對象在想到某些標籤或領域時無法直接聯想到你，那你就還不是品牌。商品有其價值，但品牌則讓你無可取代。

有你在就搞定了

跟大家分享一個我年輕時的真實經歷。我 27 歲時在公司

擔任基層主管，帶領一個四人的團隊，不過我的工作任務中有一部分挺特別的，那就是協助處理公司內部各種難解的技術問題。其實以專業或資歷來說，公司內有很多前輩都比我厲害，但我卻是唯一一個被額外賦予這項困難任務的人。

坦白說，我當時的能力要搞定這些問題是非常吃力的，不過吃力歸吃力，最後問題還是會找到解法，只是有些問題得花我一個月的時間才找出較恰當的解法。有時候找到的解法不見得那麼好，但也還過得去。解決問題的過程，我可能自己研究，也可能請教前輩，或者是找出各種工具來交叉驗證，總之，我會盡力去找出可能的解法。值得慶幸的是，所有的問題幾乎都獲得了解答。

隔年，公司內有個重要的任務將啟動，我也參與一開始的討論會議。會議中老闆指派了一位專案負責人，並賦予他權限，讓他可以隨意從公司內各部門挑選專案成員。這個專案負責人第一個指名的就是我，而且是唯一指名。

會後我們聚在一塊討論這個案子，老闆走過來跟我們閒聊，他問 PM：「為什麼這麼多人可以選，你就選舒帆？」

PM 想了想說：「我覺得有舒帆在，大多數的問題都可以被解決。」

老闆又問：「為什麼有舒帆在問題就能解決呢？他經驗不是最多，技術也不是最強的吧？」

這位 PM 回答:「因為他碰到問題的時候總是會去找方法解決,分析事情很有邏輯性,處理問題時思考的層面也夠廣泛,又很願意去幫忙溝通協調各種事情,所以問題到他手上大多能解決,而且其他人也很願意協助他。」

老闆點點頭表示同意,轉頭對我說:「這就是你的獨特性,你自己的風格,也是你專有的價值。」

在公司上千人中,我的獨特性被 PM 跟老闆給識別出來了,這就是我的個人品牌。

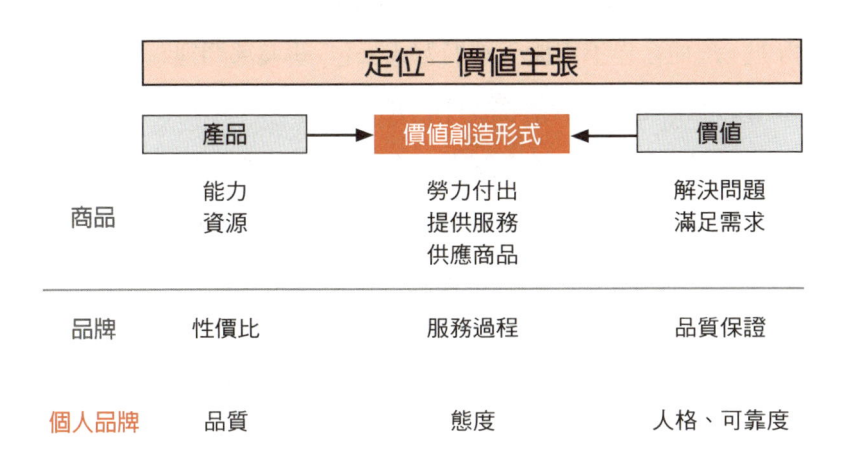

定位—價值主張

	產品 → 價值創造形式 ← 價值		
商品	能力 資源	勞力付出 提供服務 供應商品	解決問題 滿足需求
品牌	性價比	服務過程	品質保證
個人品牌	品質	態度	人格、可靠度

個人品牌的背後,是良好的聲譽

我在公司內,靠著付出我的時間與專業能力來為公司創造價值,並獲取合理的報酬。不過跟我擁有一樣專業能力的人很

多,如果我在其它部分沒有獨特性,那也不過就是眾多選項中的一位,而不是百裡挑一的那位。

但因為我做事的品質好,效率又高,加上我不僅願意跨出自己的責任範圍之外做事,也很樂意協助其它人完成他的任務,同時我不太迴避該面對的各種問題,大家覺得我的工作態度良好,人格也算正派,不用擔心我有舞弊行為或被我背刺。

時間久了,大家都知道:研發部門裡有個舒帆,有事請他幫忙都會願意協助或給建議;研發部門裡有個舒帆,不只懂技術,還願意去服務客戶,也願意幫忙做銷售;研發部門裡有個舒帆,跟他合作不用擔心被捅刀或丟包;研發部門裡有個舒帆,事情到他手上自然會解決,不用煩惱。

這就是品牌,具有獨特性,很容易被識別,而且能持續累積好的聲譽 (reputation)。**搭建個人品牌的關鍵要素是你的一言一行**,你說話專業,做事到位,便會累積好的聲譽;反之,如果你愛說大話,做事品質差,那就會累積壞的名聲。

不過,我也不希望大家以為什麼事丟過來我都會幫忙,所以我對來求助的人是有一定要求的;在面對一些做事不到位,然後時常惡意丟包的人,我也有自己的一套處理方式。簡單地說,我不打算讓大家把我當成一個好欺負的好人來看待。

我會在會議室中跟別人起爭執,對於我重視而且認為正確的事情,就會據理力爭,也因此有一些人並不是那麼喜歡我。

不過呢，這也是我個人品牌的一環，那些想推卸責任的人、自己沒先付出努力只想從我這邊找答案的人、甚至是投機分子們，就不會來找我，因為他們知道來我這邊是無法討好的。

時間久了，我在公司的個人品牌就很鮮明了。如果你是認真想做事的，那找我絕對沒問題，因為我一定會幫到底；但如果你懷有其它不良的意圖，那找我只會自討沒趣。品牌鮮明的好處就是會讓你省去很多應付這些人的時間。

而**當你持續做，並在更多的場合做這件事，你的聲譽就會擴散得很快，個人品牌的影響力就會夠強**，你自然就會獲得足夠多的機會與商機，這就是個人品牌經營的價值。

職場工作者的個人品牌

如果你是職場工作者，對內擴散個人品牌的方式可以是在會議室中發言，表達有洞見的觀點；也可以是協助做會議紀錄與跟進待辦事項；或者主動承擔某些任務，並在過程中做出高品質的成果，讓他人對你留下印象。兩次三次後，大家對你的印象就會逐漸深刻。假如當同事提到你的時候，都可以說出對你的印象，代表你在公司內的個人品牌基本上已具有雛型了。

我過去帶過一位產品經理，當年他的年紀只有 26 歲，但他會在各種產品的策略討論會議中主動擔任控場、會議協調者、會議紀錄，並且主動跟進待辦事項。更重要的是，若會議

中有懸而未決的事項,在下次會議前他會把資料準備好,同時提出自己的建議跟觀點。剛開始大家不以為意,以為只是偶一為之,但他卻持之以恆做下去。

漸漸的,大家覺得他總能做出很好的決策,就愈來愈放心交給他作主,所以他以 26 歲之齡,帶領著一群年紀大他 5～10 歲的資深同仁們一塊做產品,這些人願意信賴他,是因為他在過程中給大家建立了專業、可靠的印象,這就是他在職場上的個人品牌。

參與會議,有些人的存在就能促進會議的進行,有些人則只能消耗會議室中的氧氣;接手一個案子,有些人就會充分地當責,把事情從頭到尾搞定,有些人則丟三落四地頻頻出狀況。你與他人的差異,其實就在這些過程慢慢顯現出來了。

面試的時候,你會有許多競爭對手,在爭取公司內的某個位置時,你也免不了要跟同事競爭,但如果你能很好地回答這個問題:「為什麼相較於另一個跟你專業能力相當的人,我們應該優先考慮你?」代表你不只清楚自己的定位,也知道自己的優勢在哪。你怎麼回答這道題,就是你與他人的不同之處。

面向外部的個人品牌

如果你想追求外部的機會,希望建立外部的個人品牌,做法上會略有差異,但本質都是一樣的。**先讓自己有機會被看**

==見，並展現自己的獨特性，接著言行一致==。你怎麼說，就怎麼做，既然你已經上了舞台，大家都在看，你就要展現出所說的那一套。

如果你是個數據分析專家，那你可以在網路上分享數據分析相關的內容，同時加入自己的觀點與洞見，原創當然是最理想的；也可以參與各種社群的討論，藉此認識更多的人，也讓更多的人認識你；或者投稿相關的研討會去演講，在各種場合中展現自己的專業。

但請務必要記得，你說的跟你做的一定要一致才行，否則負面的名聲很快就會擴散開來。

在社群中，如果需要自我介紹時，你會希望大家怎麼認識你呢？在 Facebook、IG、LINE、threads、LinkedIn 等不同性質與使用者輪廓的平台上，你可以選擇展現相同的面向，也可以依據不同平台區分經營策略。

以我自己為例，我在 Facebook 上幾乎什麼都分享，但核心都是希望帶給他人收穫，以及分享自己的生活點滴；LinkedIn 則只會發專業性內容，不會有生活的點滴；LINE 我只專注於我想回覆的訊息，除了私人訊息外，公開的訊息大多都是專業導向的經驗分享，至於 threads 則被我用來獲取同溫層外的資訊，回覆的傾向與 LINE 雷同。

這是一個數位化的時代，透過網路建立個人品牌比過往容

易許多，但網路也會留下許多足跡，不論好壞。在此，我建議大家，前期先扎實走好每一步，讓自己在一個領域或圈子內，以你想要的個人品牌被認識，接著再思考如何擴大影響力。

跟著這本書練習到現在，相信你對「我是誰」這個問題已經有所理解，也漸漸清楚如何定義自己，描述自己的價值。個人品牌則是將這些定義與價值外顯後的結果。往下，讓我們用一段個人品牌宣言來介紹自己。

個人品牌宣言可包含個人信仰，有可能是源自於你的價值觀，也可能是人生信念，同時應該涵蓋你希望連結的關鍵字，組成一段用來介紹自己的文字內容。這段文字可能是放在社群媒體上的「關於我」，也可能是受邀演講時的自我介紹內容。

Lesson 13 練習 我的個人品牌宣言

本堂課的收穫

Lesson 14
設定我的用戶，找出我想影響的對象

前面的幾堂課，讓我們面向自己的期待，搞清楚我是誰，我想去哪兒，接著我們將目光往外移，開始面對他人，思考如何清楚展現「我」這個產品的價值。

首先，我們要來思考的，是關於「用戶」這個議題。

所謂的用戶，就是使用你產品的人。先前我們一起思考了關於「自己」這個產品的事，我們談論了「自己」的定位與價值，但這僅僅是自己的想法。你可能覺得自己很棒，應該獲得更高的薪水，但如果市場不這麼想，也就是用戶並不買單，該怎麼辦呢？

用戶是誰？

你的用戶是誰？他在意什麼？他對你的期待是什麼？我們要如何滿足用戶的期待？

釐清這些資訊，就是對齊市場需求的過程。

> 如果你是個自由工作者,你可能要對齊你的客戶需求;
> 如果你是個職場工作者,你可能得對齊你的主管或老闆的需求;
> 如果你是個創作者,你則是要對齊你的讀者需求。

在不同的場合,你會面對不同的用戶對象,用戶對你的期待也不同,因此你要展現的價值也會不同。

我們每個人,在生活中其實都扮演了多種角色,你是某間企業的雇員,所以你對老闆來說是員工,對主管來說是部屬,對同事來說可能是夥伴或競爭對手。回到家裡,你可能是丈夫、父親、兒子。在社交圈內,你是年輕夥伴崇拜的大神,但同時又是業界大佬的小老弟⋯⋯

每個身分角色的責任都不同,每個人對自己的期待也不同,生活本已艱難,還要面對這麼多外界的期待,說實在的壓力真的很大。但還是得正視這件事,或許我們不需要討好每個人,但總是得盡力去滿足那些對「自己」來說很重要的用戶們。

用戶對象的定義,往往需要回到我們自身的目標。如果要賺錢,那對象往往是那些願意付錢的人,例如客戶、老闆;如果是強化關係,那對象可能是當事人,也可能是能影響當事人想法的那些人。

掌握用戶的期待

假設這個用戶是你的主管,你可以問自己:「我對他真的了解嗎?」

你知道他最迫切想解決的問題是什麼嗎?你知道他對你的期待是什麼嗎?你知道自己能滿足他哪些需求嗎?

如果這個用戶是你的另一半,那你知道他在意些什麼嗎?你知道他對你最大的期待是什麼嗎?

如果這個用戶是你的客戶,那你是否掌握了客戶的需求?是否知道他有哪些問題待解決?是否知道他有哪些期待呢?

如果你對「用戶」一無所知,自然無法滿足對方的需求。在商業場合做產品時,我們會特別強調**用戶畫像、用戶研究與訪談**,並藉此來了解用戶的細節特徵,以及他在意些什麼。

同樣的概念回到自己身上,你是否針對你的用戶做過研究,了解過他的期待,或者思考過自己要如何滿足他的期待?

這個問題對每個人來說都不見得容易回答,包含我自己在內,我年輕時其實不曾思考過這件事。我們努力迎合,但很可能搞錯方向了。只想著把主管交代的事情做好,卻不曾問過主管目前最需要的協助是什麼,甚至連找對方一對一溝通的次數都屈指可數。

而這種不溝通、不同步,正是你無法獲得主管信任與肯定的關鍵,因為你對他的需求一無所知。

用戶其實不知道自己需要什麼

在此舉個我朋友的親身經歷跟大家分享。

我這位朋友 John 是個大忙人，本身創業不說，還很喜歡四處跟別人交際認識朋友，平日晚上或者假日泡在各種社交場合中是稀鬆平常的。年輕時他這麼做基本上不會有人說話，但結婚兩年，生了孩子，太太就開始抱怨他，並要他減少工作量與社交量，要他幫忙分擔家務。

太太表達出來的意思是：家裡需要有人幫忙整理，要有人打掃，包含拖地、洗衣服等。我這個朋友想說，如果是這樣，那還不簡單，請人來打掃就好啦。所以他很快地就花錢請人到府打掃，一個星期一天，一次 2,000 塊解決。

看起來太太的需求被滿足了，但太太滿意了嗎？沒有。太太雖然不用整理房子，但還是要一個人照顧小孩，所以她又提出了需求，她希望我這位朋友應該多陪陪小孩，週末最少要帶小孩出去走走，平日晚上最少要能陪小孩一塊睡覺。

我這朋友雖然覺得有點難，不過還是努力做了。想說這樣太太應該就沒問題了，那太太滿意了嗎？沒有，太太繼續提出更多的需求。我這個朋友覺得太太怎麼變得如此無理取鬧，都盡可能去滿足期待了，為什麼還是不滿意？

後來他受不了，直接問太太到底在想什麼？結果聊了很久才發現，原來太太是覺得她被冷落了。結婚前對她呵護備至，

就算沒法陪伴也還有電話；就算沒有電話，因為她住娘家，總還是有其他家人陪。但結婚後搬出來，老公一忙根本就沒人陪，而且電話也少了，小孩出生後都在忙小孩，先生對小孩的關心也比對自己多很多，所以內心覺得寂寞覺得冷。

他花了大半年時間，終於找到太太的期待，這算是運氣好的結局了。有很多人，是沒有這樣的時間與機會的。

從這個案例中，我們可以看到，John 的太太並不清楚自己真正的需求是什麼，她只覺得現在有些問題困擾了她，讓她感覺不舒服不愉快，直到 John 做了多次努力後，才找到太太真正在意的問題。

太太不是不想說，只是不知道自己想要的是什麼，也不知道該如何表達較恰當；而 John 也不是不想解決問題，但總是得經過持續的調整才能找出真正的問題，並加以解決。

這種狀況不只發生在家裡，也發生在商業世界裡。

在我多年的管理與顧問生涯中，我的客戶們，經常也搞錯了自己的問題。明明是管理制度的問題，卻經常歸因於個人；應該是市場定位問題的事，卻歸因於業務能力；該是產品策略問題的，則經常歸因於技術能力不到位。這樣的問題層出不窮。

滿足期待不是討好

在商業世界，我們通常會盡力滿足客戶，但這並不意味著

我們會滿足客戶**所有需求**，因為**有些需求不在我們定位內，有些需求則會帶來過高的成本**。

但不滿足他，可能的代價就是失去這個客戶。我們將在後續的內容中探討如何識別關鍵的需求，在此，我們只要先有幾個心理建設就好：

> 第一，不是所有需求都重要，重點是讓用戶離不開你。
> 第二，滿足期待不是討好，讓對方需要你、依賴你，而不是把你當成工具人。
> 第三，打造品牌的目的是讓自己成為具有話語權的甲方。

接下來幾堂課，我們將會以用戶研究與用戶訪談的手法來帶領大家去理解你的「用戶」，讓我們用更科學的方法來做好用戶關係管理。

接著呢，請大家思考一個問題，如果有一個用戶對象是你現在最想溝通的，那他會是誰？

有可能是你的客戶，你希望讓他買單你的產品或服務；有可能是你的老闆，你希望讓他看見你、重用你，讓你獲得更多機會；有可能是某個領域的大神，你希望跟他建立關係；有可能是你的另一半，你希望能改善彼此的關係。

總之，接下來這段時間，你最想讓「誰」知道自己的價值，最希望讓誰對「自己」感到滿意，把那個人的名字寫下來。

Lesson 14 練習　設定我的目標用戶

接下來一段時間，我最重要的用戶是＿＿＿＿＿＿＿＿＿＿＿，
因為＿＿＿＿＿＿＿＿＿＿＿＿＿＿＿＿＿＿＿＿＿＿＿
＿＿＿＿＿＿＿＿＿＿＿＿＿＿＿＿＿＿＿＿＿＿＿＿＿。

本堂課的收穫

Lesson 15
分辨對方的口頭需求與真正期待

用戶研究的目的是為了了解用戶是誰,以及他有什麼期待與需求。在此,我想先說明一個重要的觀念,我們應該把「用戶的真正期待」以及「用戶口中的期待」分開來。

為什麼呢?你有可能以為另一半對你的期待是可以幫忙照顧小孩,但其實**他內心真正的期待是想要有人分擔家務,更深層的期待是能擁有自己的時間**,而「你來幫忙照顧小孩」這件事剛好可以解決他內心的期待。

用戶的真正期待:有人分擔家務,好擁有自己的時間。

用戶口中的期待:你來分擔家務。

這兩個看似雷同,實際上是天壤之別。我再舉個例子,這次我們將用戶對象切換成你的老闆,你的老闆總是會對你提出要求,要你對某個專案負責,他對你的期待就是你能搞定某些事情,不要給他添麻煩,那他內心真正的期待是什麼呢?

老闆的真正期待:業績要達成,客戶要留住,現金要進來,對股東要能交代。

老闆口中的期待:你把事情做好。

滿足真正期待，你的用戶才會真正被滿足。只滿足用戶口中的期待，你可能會發現問題並未真正解決，因為那不是他真實的問題。

如果用戶的期待這麼難掌握，那是否有什麼比較有效的方法來協助我們釐清對方內心的真實期待呢？

用戶研究：深入了解你的用戶

用戶研究顧名思義就是用一套科學化方法來掌握用戶的情境、需求與期待，常見的用戶研究方法有很多種，其中最常用的就是**用戶訪談與觀察法**，前者透過一份訪談問卷，後者則透過日常的行為觀察來找出用戶真實的需求。

基本上，我們很少有機會真的拿一份問卷請老闆或你身邊的其他人填寫，因此我們會以提問的形式來替代這件事；而觀察法則是觀察用戶對象對特定事物的反應來產生洞察，推論出用戶的可能需求，並進一步驗證。

驗證是一個很重要的步驟，因為用戶總會因為種種原因而無法清楚地表達自己的需求。像前文案例中的太太，她並沒有明確地說出自己真正的期待，這有可能是她不好意思說，又或者她自己也不清楚問題在哪，抑或她有其他考量點。但不管是哪一個，都會阻礙我們掌握真實需求，所以我們需要進行驗證才能知道是否找對了問題。

接著，我們要帶大家先思考應該如何問對問題，以及如何從用戶對象日常的行為去觀察他們的真實需求。

面對老闆或主管

如果你設定的用戶對象是老闆或主管，你覺得他們有哪些需求或期待？而這些需求與期待哪些跟你有關？

在思考這個問題時，我建議大家可以想想：在最近的溝通當中，他說了什麼？交代了什麼任務給你？或者跟你因為什麼事情而起了爭執？

有可能是請你去做一件事，有可能是要你改善某些行為，也可能是跟你因為意見相左而對你大發雷霆。

請想想，他要你做的事情背後，他想解決的問題是什麼？

請想想，當他跟你意見相左時，他的期待又會是什麼？

你很可能會發現老闆有個問題想解決，但目前沒人可以協助他，這才是他真實需求；你也可能會發現，老闆跟你的爭吵其實只是面子之爭，事後再跟他確認時他又有另一套說法。

當老闆交代一件事，你可以這麼問他：「老闆，收到您的指示了，我想進一步了解這件事情背後是不是有什麼問題是我沒看見的？不曉得是 A、B 還是 C 的狀況？如果能進一步知道這件事，我會更好做準備。」

> 第一，收到指示，代表先接受了這個命令。不急著否決，老闆心情先好一半。
> 第二，擔心是我沒搞懂，意味著不是老闆沒說清楚，是擔心我自己理解錯誤。
> 第三，不曉得是 A、B 或 C，這就是商業敏銳度。老闆在意的通常與 KPI、政治或面子等有關，但政治或面子需求是不能宣之於口的，所以你還是得有一定的敏銳度去避開，而你得嗅出老闆的想法。

其實老闆的需求相對好掌握，絕大多數都圍繞著他身上背的 KPI，以及自己的江湖地位。前者是個人績效，後者則是政治，這部分就是你得花時間觀察的地方，畢竟老闆可能不會跟你說公司虧損得很嚴重，但你應該有基本的敏銳度；主管也不會跟你說他想要把政敵搞死，但你也要理解他的意思是什麼。

如果你跟老闆之間還算熟識，那我會建議你不用猜，可以直接去請教老闆他目前最迫切想解決的三個問題是什麼？以及想達成的三個目標又是什麼？這樣可以很快獲得解答。

經常問為什麼，懷抱善意的好奇心，有助於建立與老闆的關係，對方自然願意告訴你更多內心的想法。

面對另一半或親朋好友

如果你設定的對象是身邊的其他親朋好友，例如你的另一半或男女朋友，你一樣可以回想一下最近這段時間他最常跟你提到哪些事？可能是關於生活，可能是關於家庭，也可能是關於工作，或者關於感情。然後想想，他反覆提這件事，希望獲得些什麼？期待是什麼？

你可能會想起，年邁的父母說：「放假時多回來看看。」

你可能會想起，另一半說：「好久沒出去走走了，以前沒小孩時真輕鬆。」

你可能會想起，孩子說：「爸爸講故事給我聽，好久沒講了。」

我也建議你回想一下過去這段時間，你與對方的關係有什麼改變？然後原因可能是什麼？

你可能會發現，年邁的父母白頭髮真的多了，體力真的差了；你可能會發現，另一半在工作與生活中有滿滿的焦躁感；你可能會發現，孩子跟你的交集少了，大家各過各的生活。

其實很多需求都可以在日常生活中觀察到，但我們是否同理了對方，是否觀察出對方內心真實的期待，並且採取行動去建立或改善彼此的關係呢？

面對客戶或潛在客戶

如果你設定的對象是客戶或潛在客戶,那方法倒是比較多。你可以選擇直接做一份問卷請客戶幫忙填寫,也可以找幾位客戶做需求訪談。當然了,還可以透過數據的觀察來找出市場的需求點。

以我自己當自由工作者為例,我會透過寫 OKR 的文章來觀察市場對 OKR 這個主題的反應。如果流量不錯,轉發效果好,那我會多寫,同時也會觀察 OKR 相關的課程、書籍的出版狀況。如果市場夠火熱,那我就會推出自己的 OKR 課程,並且開始招生或擔任企業顧問。

求職時也是一樣的。你希望找到一份理想工作,但不確定自己訴求的強項是否是人才市場會在意的。以我自己為例,我的背景是工程師,但因為我對商業跟管理的理解也不錯,所以我給自己的定位是能對接商業與技術的產品主管。然而我不確定這樣的定位市場接受度如何,便做了幾件事確認市場需求。

第一,寫幾篇從商業驅動的技術團隊管理相關的文章。我會觀察迴響如何,尤其是那些企業決策者的回饋。

第二,挑選具有一定規模的軟體或資訊公司投遞履歷。這是因為我預設這類公司通常會卡在商務對接技術的環節,而經營過程他們又繞不開這個問題。

第三，透過面試過程去驗證我的假設，是否符合這些公司會遭遇的狀況。能錄取很好，但更重要的是驗證我的假設。

第四，期望薪資的驗證。我認為**對接商業與技術的產品主管**是稀缺能力，那我的期望薪資一定會比只具備一種能力更高，否則我不如只專注於技術就好。所以我會開出更高的薪資，藉此了解市場對此的反應。

從上方這幾個案例中，我們可以看到，有時用戶不知道自己要什麼，但有時用戶卻不是真的想要，甚至有可能是雖然想要，但不願意付出更高的報酬，這些都會影響我們到底怎麼做。也因為這樣的不確定性，在我們試圖滿足用戶時，要進行一連串的假設與驗證。

假設與驗證

前面我們針對「用戶要什麼」、「對我們的期待是什麼」做了一些假設，為什麼我說這是假設呢？因為它並未經過證實，還沒有人為此買單，也還沒有真正解決問題。

我認為老闆對我的期待是把事情做好，但後來發現即使我把交辦的任務都準時做好，他還是給我不怎麼樣的績效分數；我認為孩子對我的期待就是讓他享受更好的生活，所以認真投入賺錢改善物質生活，但後來才發現孩子只需要我的陪伴。

工作與人生上很多的誤解，都是源自於我們**錯把假設當現**

實。若要避免這樣的問題,我們必須「對假設進行驗證」。

而用戶訪談就是一種很常見的驗證方式。如果你今天開餐廳,不知道客戶對餐廳是否滿意,你會做什麼?多數餐廳會選擇用問卷,你可以問客戶對餐廳是否滿意,但如果只是問滿意不滿意,好像還是不知道滿意在哪?不滿意又在哪?所以一般餐廳會再分成餐點、環境、服務三個部分,請客戶個別給個滿意度分數。藉由這樣的問卷,我們不用去猜這個客戶為什麼餐點沒吃完,往往能掌握到更多的證據。

透過滿意度問卷,我們可以初步驗證客戶對餐廳的滿意程度。不過需求的探索比滿意度調查複雜得多,例如,當客戶對你的餐點給了 3 分的評價,你若直接問他:「那什麼樣的餐點你會給到 10 分呢?」我相信對方應該無法回答你的這個問題。同樣的問題,你若拿來問身邊的其他人:

「你覺得我做到怎樣就是一個 100 分的伴侶?」

「我做到什麼成果你會給我考核打 A?」

「我要做哪些事,你才會覺得我是值得跟隨的主管?」

這些問題看似直接,但有 99% 的機率你會無法獲得具體的答案,這並不是因為對方不想給答案,而是因為他們不知道要從何說起。

而這也是為什麼我們得學習引導與訪談的技巧。掌握一個人內心真實的需求,一直都不是那麼容易的。

在談論人類真實需求時，我非常喜歡薩提爾的冰山理論。人類所有的外顯行為都是源自於內心深處的思維慣性、感受、價值觀，乃至於生而為人的根本渴望。

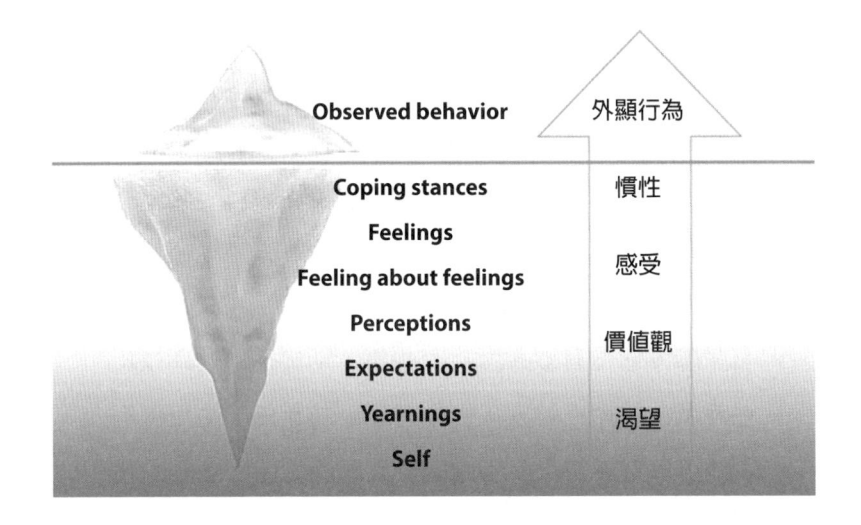

Observed behavior	外顯行為
Coping stances	慣性
Feelings	
Feeling about feelings	感受
Perceptions	價值觀
Expectations	
Yearnings	渴望
Self	

假設你的老闆當面訓斥你，並要你改正行為。你或許會誤以為他是針對你當下的行為，但你仔細觀察可能會發現，部門內另一個同事做了相同的事，但老闆卻沒有訓斥他。你的第一個念頭可能是「不公平」，覺得老闆應該要一視同仁才對。

但若你進一步思考，為何老闆會有這樣的行為反應，在對你說這句話時，他內心的感受是什麼，可能會有不同的發現。

或許把時間拉到三天前，你會想起來三天前你做過一樣的事情，被老闆白眼；兩天前你又因為一些工作上的疏忽而跟老

闆有了小衝突；昨天他甚至還發了郵件給你，要你盡快把前一天的問題解決。

這些累積下來，使他的情緒在今天徹底爆發了。他是針對你，但不是針對你當下這個行為，而是一連串的行為。

所以當我們面對用戶所提出的需求時，不要急著動手下去做，先問「為什麼」，但我們必須要問得很有技巧。如果老闆叫你做一件事，你直接回問他為什麼要做，那很可能會討罵；如果太太要你去幫忙洗個衣服，你問她為什麼，那你也一樣是自討沒趣。

有些事，你得有敏銳度；有些事，則要透過提問技巧。

在商業上的用戶訪談，很多時候因為有外部的目標壓力，或許我們可以直球對決；不過對於人際面的用戶訪談，我們得考慮更多關於感受的議題。以下四個訣竅，我經常用於人際面的訪談：

第一，不釐清對錯，先收下需求。
第二，從感受開始，試著同理對方。
第三，緩和情緒後，才釐清期待。
第四，照顧好自己的感受。

不論對象是誰，先搞清楚對方的需求，並進一步挖掘對方

的真實需求是什麼。雖然我們尚未與對方確認，但你可以先針對你對對方的了解，寫下你的假設。

Lesson 15 練習　研究我的目標用戶

需求項目（是什麼）	原因（這需求存在的原因）

我認為他的主要需求是＿＿＿＿＿＿＿＿＿＿＿＿＿＿＿＿＿＿＿＿。

本堂課的收穫

Lesson 16
為我的用戶撰寫「銷售提案」

識別出目標對象的需求與期待後,緊接著,我們要來思考的問題是:「為什麼用戶該選擇我?」

如果你做過銷售,你會在銷售前準備好自家產品的銷售簡報。這是為了跟用戶介紹自己,並在過程中展示我們對用戶需求的理解,建立專業性與信任感,進一步說服客戶買單商品。

如果你做過行銷工作,那你自然知道文案的重要性。文案中除了要觸動消費者感性與理性的神經外,還得精確地傳達「為什麼是我」。客戶看到你的文案或銷售頁,被你吸引,然後被你說服,最後下單,這就是完整的轉化。

如果你去面試,面試官會看你的履歷。履歷就像是你的銷售頁,也像是你的銷售簡報,而你就是那個銷售員。試著告訴面試官你比其他競爭者更適合這個工作,努力說服他錄取你。

你有沒有發現,儘管面對的是不同場合與不同對象,但我們其實經常在做銷售工作。就連日常的溝通,為了說服別人買單自己的觀點,你在做的事情也是銷售,只是銷售的標的是「觀點」、「想法」,而不是一個真實的商品。

本堂課，就讓我們一起來練習「銷售自己」吧，包含你的觀點、能力、人品，乃至於你的個人品牌。

回顧一下，我們在 Lesson 5～Lesson 8 時讓大家去思考自己的定位與價值，然後這幾堂課則是讓大家想想外界對你的需求，接著，我們就要來思考一下兩者之間的聯結了。

從痛點開始的銷售訣竅

你要的剛好是我能給的，我想給的會不會也是你需要的？

Lesson 15，我們探索了目標對象的真實需求，有人發現自己過往從來沒有認真去思考過這件事，所以一直用無效的方式跟對方溝通，也一直在滿足錯誤的需求。今天，我想先跟大家談幾個銷售的訣竅，讓我們能更有效地滿足關鍵需求，並讓對方買單我們的提案。

首先，**挖掘痛點**。先針對對方的需求或痛點，也就是**他迫切需要的**，或者已經感受到明顯痛楚的事。

例如，他工作時數太長，導致他身體出了狀況，家庭也無法顧好，所以他迫切地想解決這些問題；又比如，她覺得自己沒有獲得足夠的重視，總是自己一個人辛苦照顧家庭，缺乏奧援，也沒有自己的時間，這是她很希望能解決的問題。

其次，當對方明顯地表達出他的需求與痛點後，下個動作我們需要做的就是**探詢**。你可以試著提問，例如：

「那如果我們將你手上的工作任務減少，讓你早點下班，這是不是就能解決你的問題了呢？」

對方的回答有可能是對，也可能是不對，但我們必須透過探詢來確認對方的意向，若理解錯誤，則詢問進一步的原因，重複痛點挖掘→探詢→痛點挖掘的過程，直到確定痛點。

最後，**提出解決方案**。讓對方知道，你這個問題我這邊剛好有解答。然後解釋給對方聽，讓對方從感興趣，理解，到最後買單我們的方案。

當年我以**能對接商業與技術的產品主管**的定位開始找工作時，我面試中一定會問對方：「請問公司業務團隊與研發團隊之間的協作狀態如何？」我需要確認跨部門協作與溝通是否為公司的重大問題，如果是，那這會是他們的痛點，也是我個人的賣點，我就有把握能談到更好的薪資。

如果聊完後我覺得他們內部協作沒問題，只是需要一個能帶研發團隊的主管，那我會選擇不加入這家公司，因為這並非他們的痛點。「對接商業與技術」是我最大的賣點，但如果不是對方在意的痛點，那並不代表我的賣點沒價值，而是我得去找到將此視為痛點的公司。

永遠記得，定位自己是為了與他人區隔，並找尋看重這種獨特性的客戶。而銷售則是在識別客戶是否為合適的對象。如果不合適，不要戀棧，快點找下一個。當我們勉強自己去迎合

每個客戶,便會失去自主權,也就很難成為自己生命的 CEO。

開放選項,提供更多可能解決方案

當你的另一半跟你說,她總是自己一個人照顧小孩,都沒有時間做自己想做的事,生活得很緊繃,壓力很大時,你可以做些什麼?你可以將自己能做到的事逐一條列下來,這就是你可能的解決方案:

> 1. 排開手邊的工作,提早回家。
> 2. 乾脆換個沒那麼忙碌的工作,幫忙照顧家裡。
> 3. 跟老婆分工,平日她照顧,假日我照顧。
> 4. 請保姆幫忙照顧小孩,讓老婆休息。

思考解決方案的第一輪,請先拋開其他的限制,先盡可能的思考怎麼樣才能滿足對方需求,第二輪,把限制條件或代價加上去:

1. 排開手邊的工作,提早回家,**但不確定工作是否能這麼安排**。
2. 乾脆換個沒那麼忙碌的工作,幫忙照顧家裡,**但得捨棄目前喜歡的工作**。
3. 跟老婆分工,平日她照顧,假日我照顧,**但這可能無法滿足老婆的期待**。

4. 請保姆幫忙照顧小孩，讓老婆休息，**但每個月得多花 3 萬元**。

你可以從中挑選一、兩項跟對方討論，也可以選擇攤開所有選項一起構思最理想的解決方案。其實可能的方法很多，但通常會被我們自動過濾掉。當你願意多開放幾個選項，而非總是站在自己角度思考時，對方往往也會更願意說出你他的想法，而願意溝通並表達自己的想法，正是對方可能買單的前兆。

我們再來做一次練習，這次的情境是你面對直屬主管。他跟另一個部門的主管有些不對盤，這時若另一個部門來尋求你的協助，你是否要出手幫忙？

直屬主管可能有些政治目的在，但不好宣之於口。你如果忽略這個議題，很可能會惹得主管不高興，但偏偏又不能直接問老闆是不是對某某人不爽，怎麼辦呢？

一樣，請把可能的解決方案列下來：

1. 不伸出援手，讓該部門自己去承擔。
2. 直接上報問題，讓老闆找該部門直接究責。
3. 找該部門同事討論要如何解決這個問題。
4. 讓主管跟對方主管碰面商量，把問題解決。
5. 由自己出面約對方主管討論如何解決，下馴對上馴，提高自己主管的地位。

接著，我們再加上幾種解法可能產生的問題：

1. 不伸出援手，讓該部門自己去承擔，**但出事後可能會有連帶責任**。
2. 直接上報問題，讓老闆向該部門直接究責，**但對方主管可能不愉快**。
3. 找該部門同事討論要如何解決這個問題，**但直屬主管可能會不爽**。
4. 讓主管跟對方主管碰面商量，把問題解決，**但直屬主管應該會拒絕**。
5. 由自己出面約對方主管討論如何解決，下馴對上馴，提高自己主管的地位，**對方主管可能會不太爽，但自家主管應該會很開心**。

這幾個可能的解法，你可以根據你對主管的了解試著去提提看，也提醒對方可能的風險。如果他能想通，那就按著他決定去執行；如果他想聽聽你的建議，你可以在評估優劣後提供你的建議給對方。並試著獲得共識。

溝通的核心在於建立信任感

你或許不會一開始就成功，也不會每次都成功，但這套方法你永遠用得上。當你願意理解對方的需求與痛點，願意進一

步探詢,接著構思多種你能承擔的解決方案後提出給對方,成功的機率就會大幅提升了。

更重要的是,對方會感受到你願意站在他的角度思考,也願意積極幫他找尋解決方案,他對你的信任感會持續上升,也更願意接納你的各種意見。成交的公式是「信任感 × 解決方案」,沒有信任感,空有解決方案是行不通的。

提出你的解決方案,並與對方討論後,獲得一個彼此有共識的最終方案。看到這,你可能會想說前面不是說要做銷售提案嗎?怎麼這樣就結束了。是的,所謂的銷售提案就是如此而已,有痛點、有探詢、有解決方案,這就是了。至於你要不要寫滿滿兩頁,或者準備一份簡報,這只是呈現形式的差別。

精準掌握對方需求,並提出合適的解決方案,這永遠是銷售與溝通的不二法門。請按以下格式進行提案練習。

Lesson 16 練習　打造我的銷售提案

需求：

需求項目（是什麼）	原因（這需求存在的原因）

我偏好的方案：

原因：

本堂課的收穫

Lesson 17
運用最佳解決方案,實際達成用戶期望

　　經過 Lesson 16 的思考後,希望你已經了解到建立信任與提出多種解決方案的重要性。當你將這樣的方法持續運用在各種不同對象身上,你會發現原來溝通就是這麼一回事,原來說服也不如想像中困難。當你願意將商業思維融入日常生活中,就會發現很多道理都是相通的。

　　不過呢,說服用戶買單是一件事,兌現承諾則是另一件事。我們必須採取行動才能真正滿足對方的期待,也才能真正解決對方的問題。

　　如果你說服主管採用你的提案,那你得讓事情發生,否則就等於無法兌現承諾,你們之間的信任會出現裂痕;你跟另一半的協議也是一樣的,即使對方同意你的提案,並且願意做出一些讓步,但若你的承諾遲遲無法兌現,另一半也會對你大失所望。

　　說到做到,信任感會增加,往後會更容易做事;但當你無法兌現承諾時,用戶會對你漸漸失去信任,而且速度可能比想像的更快,這是需要特別留意的。

本堂課，我們就來聊聊該如何為用戶創造價值吧。在商業上，我們會透過交付產品或服務來滿足客戶需求。如果是個產品，那我們就需要把產品做出來交付給客戶；如果是服務，那我們就需要採取行動去服務好客戶，並把客戶的問題給解決，這才算真的為客戶創造了價值。

訂定行動計畫

這個段落，我們需要思考三件事：**目標（Objective）、關鍵結果（Key Results）與行動計畫（Action Plans）**。

目標，指的是我們要解決的議題，關鍵結果則是用來衡量目標的指標。這部分我們在目標設定的段落中曾提到，大家可以回過頭去看看。而行動計畫則是為了達成關鍵結果而採取的行動。

以分擔另一半照顧小孩這個議題為例：

| **Objective** | ▶ | 讓另一半下班後有餘裕可休息與從事休閒活動 |

Key Results ▶
❶ 孩子作業與聯絡簿的簽寫由我負責。
❷ 讓另一半每週有三天晚上可自行安排行程。
❸ 週末時間不排工作，保留為家庭行程。
❹ 快樂的另一半與孩子。

Action Plans

第一階段 ▶
When：即日起
What：每天提早一小時下班
How：將會議時間全部往前排，下午四點之後不安排會議

第二階段 ▶
When：三個月
What：換一個離家近的工作
How：聯絡熟識的獵頭 Joan 幫忙物色合適的職缺

以如期、如質交付訂單為例：

Objective	▶	如期、如質交付訂單給客戶
Key Results	▶	❶ 七日內完成 500 支 iPhone Pro 訂單交付（規格與數量如訂購單）

Action Plans

- When：**Day 1** ▶ What：確認庫存與各規格欠缺數量、同步確認出貨車班
  How：請倉管人員於當天下午兩點前完成清點，預約物流

- When：**Day 2~3** ▶ What：從現有銷售點調貨，不足的先做小量採購
  How：請採購人員列出缺貨清單與各銷售點能調貨的數量，並做好小量採購規劃

- When：**Day 4~5** ▶ What：撿貨與集貨，確保貨品已到
  How：請倉管、採購、業務針對訂單內容進行實地對焦，確保認知一致

- When：**Day 6** ▶ What：出貨前確認
  How：請倉管、採購、業務針對訂單內容進行實地對焦，確保認知一致

- When：**Day 7** ▶ What：貨物寄出
  How：當天早上出貨，中午去電與客戶進行確認

這中間的邏輯很簡單，其實就是如何確保跟用戶對象談妥的事情會發生而已。

當你習慣這樣與對方溝通，對方對你的了解也會愈來愈深，而當你總是能兌現承諾時，彼此的信任感也會逐步提升。對方會更知道你能幫上什麼，也更知道如何跟你互動，這意味著，他更清楚如何跟你合作了。

Lesson 17 練習　制訂我的最佳解決方案

延續前一堂課,請以最終解決方案為例,填寫你的行動計畫:

Objective ▶

Key Results ▶

Action Plans ▶

本堂課的收穫

Lesson 18
聚焦於 1% 核心用戶的關鍵需求

　　小時候,你的父母或身邊的其他大人們扮演著產品經理角色,他們基本上決定了你的樣子。他們要你多讀書,要聽話,要乖巧,要品學兼優,不要老想著玩,不要太早交男女朋友,努力考上好學校,進一間好公司,然後你就會有美好的人生。

　　有時我們做對了,所以得到鼓勵;但很多時候我們做錯了,卻也不知為何錯了。但長大後我們其實都知道,這經常是一種錯誤的教養。父母長輩滿懷著愛與期待,希望我們長成他們理想中的樣子,但卻未曾思考過,我們希望長成什麼樣子。

　　對於如何過好這一生,以及想要怎麼過,最關鍵的還是我們自己怎麼思考。長大了,你得學會扮演自己生命的 CEO,把「自己」這個產品發展得愈來愈好,活出生命的意義。

　　我們在工作上、生活上,都得持續精進自己,讓自己成為獨當一面且可靠的職場工作者,也讓自己成為一個生活中的好爸爸、好媽媽、好的另一半,在自己與他人都期望的形式下,成為一個對社會有正面意義的人。

　　打造產品的目的,不是為了迎合每個人的需求,而是希望

能藉此找到最佳定位,持續找尋懂得欣賞我們價值的人。而在此之前,我們得透過許多的案例練習來調整方向,並磨練自己所需要的能力,讓「我」這個產品能在多變的世界中暢快悠游。

打磨產品原型

如果你希望在公司內,**成為獨當一面的工作者**,你的用戶除了老闆外,還有你的主管、同事或者是部屬。「獨當一面的工作者」這個目標,或許特別強調你在職責範圍內做事的品質與可靠度,所以除了把自己的事情做好之外,也很強調你與他人之間的協作是否順暢,讓與你共事的那些人都如沐春風,覺得能跟你共事真的是太好了。

為了了解自己現在還缺什麼,你可能訪談了與你共事的相關人員,從他們身上獲得回饋。可能有人認為你擔任專案經理時案子經常延誤,在專案會議中的主導性比較弱,較缺乏自己的想法與觀點;同時有人認為你的溝通與表達能力需要提升,否則時常會出現溝通的落差,導致交出來的成果跟預期不同。

這些,是大家對你的期待或需求,也可能就是你還無法獨當一面的原因。

在逐一了解大家的期待後,你評估過這些應該都是你能做出改善的,因此你給自己設定了一個計畫,要打造「獨當一面工作者」這個產品,而這個產品的基本功能如下:

- 能有效地跟進專案中每個工作項，確保專案如期如質。
- 主持專案會議時必須具有較強的主導性，讓專案會議按著原訂計畫進行。
- 提高自己的溝通與表達能力，包含事前溝通，或透過數據、表格、圖像的形式來表達自己的想法。

這是你對「獨當一面的工作者」的定義，你必須去做做看，驗證看看，當做到的時候，大家會不會認可你真的是一位「獨當一面的工作者」。如果中間你發現做到這三項還不夠，那你可能還會增加其他項目，不斷調整直到大家認可為止。

也就是說，現在這個「獨當一面的工作者」還不是最終的版本，它只是一個初步的想法，只是一個原型（prototype），與最終的產品之間還是有些差別在。

Trial-Feedback 是必要過程

在產品管理中有所謂的最小可行產品的概念，最小可行產品的意思就是可以拿來驗證用戶需求的產品規格。如果你想要驗證大家是否願意為外送服務付服務費，你不用發展一個外送服務出來才知道，只要問問看身邊的人，有沒有人有中午或晚上代送便當的需求，而你可酌收 50 元的費用。

你做的這件事就是外送服務的最小可行產品，它能幫助你

去驗證，是否有人願意「為外送服務付費」這件事。

而為了驗證你是否為「獨當一面的工作者」這件事，你要先讓自己做到以下幾件事：

- 能有效地跟進專案中每個工作項，確保專案如期如質。
- 主持專案會議時必須具有較強的主導性，讓專案會議按著原訂計畫進行。
- 提高自己的溝通與表達能力，包含事前溝通，或透過數據、表格、圖像的形式來表達自己的想法。

在專案進行中針對每個工作項做確認與追蹤，在每一場會議前做足準備，並引導會議進行，反覆琢磨自己的表達內容與形式，提升自己的溝通能力。把這幾件事做好，就是「獨當一面的工作者」的基本要求。

你得試著做，一開始可能沒辦法做得很好，但你可以請用戶們給你一些回饋，問問哪邊還可以加強的，然後做出調整，下次用另一種形式再做一次。這一段請特別留意，我說的意思就是要真的從當初給你回饋與建議的人身上獲得再次回饋。你可能會覺得很怪，怎麼會去找同事或部屬給自己回饋呢？但我建議大家，如果真的想要進步，想要扮演好你的角色，直接從這些人身上獲得回饋通常是最有效的。

這個概念的本質與假設驗證雷同，先有假設，然後做做

看，收到回饋，並驗證與假設哪邊一樣，哪邊不同，接著進入下一輪假設驗證。這是一個嘗試→收取回饋→再嘗試的過程，我不習慣用 Trial-Error 或 Trial-Fail 的原因在於。相較於傳統的失敗心態，我希望大家應該擁抱實驗心態，實驗沒有對或錯，而是在驗證假設，當結果不符合預期時，我們也能從中獲得回饋，知道不可行的原因。

不論是發明大王愛迪生老掉牙的名言：「我不是失敗了 1,000 次，只是找到了 1,000 個不可行的方法。」或者是 SpaceX 創始人馬斯克（Elon Musk）在一次火箭爆炸後說：「我們從爆炸中取得了重要的數據，這有助於我們下次發射成功。」其實概念都是一樣的，當我們抱持著這樣的心態時，便不會將每一次的不如預期視為失敗，並否定自己。

收取回饋很重要，但還是得特別提醒，**他人給你的建議不見得總是對的**，甚至可能是不適合你的，這部分你還是得做出判斷。在此，你可以根據自己人生最重視的那些事，以及你想成為的人為最終依歸進行思考，而這都將決定你會成為自己，還是他人期待的自己。

不過要在工作場合中創造價值，「滿足大家對你的期待」這件事還是相當關鍵，尤其是你的主管，經常合作的同事，以及你的部屬們。把他們當成用戶，經常從他們身上尋求回饋，持續推出更新版本的自己，那你一定會愈來愈有價值。

不要試圖滿足每一個人

但這邊有一個非常常見的陷阱：**試圖滿足每一個人**。

老闆希望你主動積極，跨越邊界，主管卻希望你嚴守分際，不要越權；同事 A 希望你跳出來擔任領袖，帶領大家前進，同事 B 卻勸你顧好自己就好；太太希望你以家庭為重，朋友卻勸你應該趁著年輕多外出闖蕩。

這些需求與期待，從個別的角度提出時都有道理，但是當它們同時發生在你身上時，卻讓人感到左右為難。

我們能做的，是**從自身出發，在最基礎的層面上滿足共同需求，例如專業、禮貌、做事到位，讓這些成為自己的標準配備，並進一步去滿足關鍵用戶的需求**。

如果有些人不是用戶，只是路人，他們對你的人生不感興趣，只是喜歡指指點點，那你應該忽略他的意見；有些人則是以關心之名，其實只是想看到你過得比他更差，這些人對你的人生也不會有任何幫助。請將他們從你的用戶名單中剔除，別因為這些人而扭曲自我。

專注滿足核心用戶，行有餘力就繼續投資在核心用戶身上，除非核心用戶暫時找不到進一步的需求時，才將一部分注意力移往一般用戶身上。至於路人，完全可以置之不理。

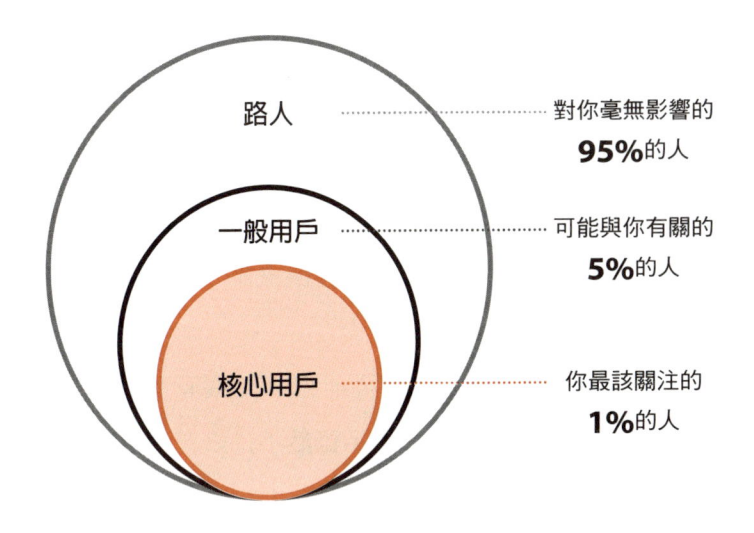

```
      路人 ·············· 對你毫無影響的
                         95%的人

    一般用戶 ············· 可能與你有關的
                         5%的人

    核心用戶 ············ 你最該關注的
                         1%的人
```

人這個產品與一般產品最大的不同有幾項：

1. 人本身是有感情的。有些事你理性上知道該做，但受性格、感性面或慣性影響，你可能會不想做，並不像產品規格一樣說改就改。
2. 人所面對的用戶對象是多元的。工作中有三類用戶，生活中可能還有七～八類用戶，大家的需求與期待都是不同的，我們必須要做出取捨與平衡。

所以除了思考如何成為「獨當一面的工作者」之外，你還得想想怎麼當一個「好父母」、「好兒女」、「好朋友」、「對社會有正向價值的人」，以及最重要的「我想成為的那個人」。

這些角色都有需要滿足的對象，你需要為這些角色設計產品原型，並持續收集回饋，反覆地調整與改善，讓自己愈來愈好。這當中難免會發生各種資源排擠與角色衝突，例如時間不足，需求彼此衝突等等，這時就考驗你的智慧了。你要優先做什麼？後做什麼？這基本上也是一個很重要的學習過程，反覆地試驗與調整，你會逐漸找到方法的。

本堂課主要跟大家聊的是產品原型，並從原型中發展出最小可行產品，而這個最小可行產品雖然不是最終的成品，卻是一個改變的起點。

一個產品原型應該具備以下三個要素：

1. 用戶清晰，並從用戶身上掌握他們的痛點與期待。
2. 根據用戶的痛點與期待，擬訂合適的解決方案。
3. 解決方案是確切可行的，並能盡快採取第一次行動（最小可行產品）。

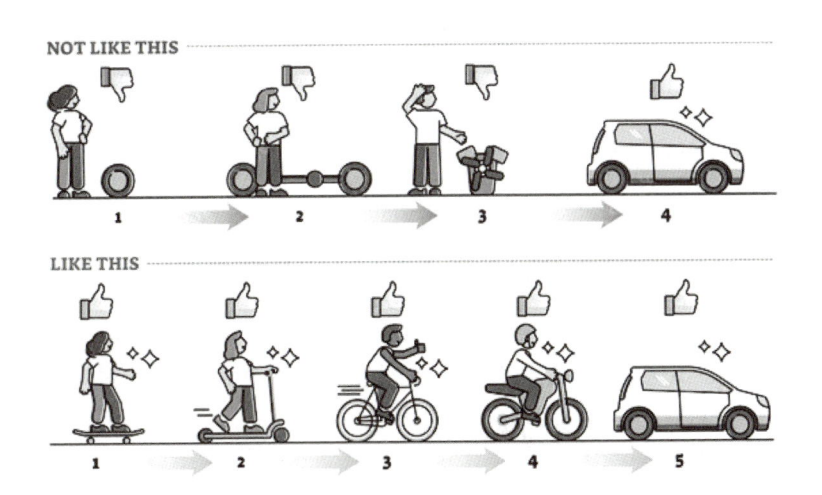

取捨，做什麼與不做什麼

在打磨最小可行產品的階段，腦海中經常會出現的疑問是「這個要做嗎？」、「要不要忽略這個需求？」這種做什麼，不做什麼的疑問，需要經過一段時間的摸索並加以收斂。

在做與不做之間，有幾個先前思考過的議題與此有關：

第一，你重視什麼，以及你的核心價值觀。

第二，你想要為誰，提供什麼樣的價值。

第三，你最重視的人，以及他們對你的期待。

第四，你的目標。

一個好的產品不會什麼都做，也不會試圖去滿足所有人，而是聚焦目標，聚焦用戶，聚焦核心價值，方向明確，才能獲得期望的成功。

Lesson 18 練習　試擬我的產品原型

請在下表中填入，在對用戶提供產品時，哪些事是你一定會做的，哪些又是一定不會做的：

Do(s)	Don't(s)
（範例）傾聽用戶的真實聲音	（範例）同等重視每個人的意見

本堂課的收穫

Part 4

IMPACT

向世界呼喊，
擴大影響力

擴大你的影響力，
讓更多機會找上門。

Lesson 19
在能做、想做與市場需求中尋找交集

　　Lesson 18，我們將自己的產品原型做出了定義。你是孩子眼中的好爸媽，也是父母親眼中的好孩子，還是老闆信任的得力助手，又是同事眼中的神隊友，部屬心中的好主管；而你自己，也很樂於扮演好這樣的角色，那真的是皆大歡喜。

　　家庭關係，對象人數相對比較少，但通常很難選擇要或不要，畢竟是自己的血親。我們大致上只能盡可能滿足，並試著找出平衡點。原生家庭的議題既單純又複雜，單純的是人數就那一兩位，複雜則是因為你很難斬斷關係，不像朋友、客戶、同事一樣可以說換就換。

　　這是人生重要的課題，本堂課我們暫時不探討原生家庭的議題，先回過頭來探討複數且具有選擇機會的關係，尤其是關於工作與市場。

擁抱市場

　　距今約十多年前，我在工作上結識了一位能力非常傑出的前輩，他的技術能力真的沒話說，對當時的我來說就是個神

級的人物，什麼難的技術問題到他手上，沒兩天大概就能被搞定。這樣一位厲害的高手，在公司內自然受到很多人的推崇。

但我也經常聽到另一種聲音，那就是有人說他太技術導向，太自負，沒辦法與人合作，也沒辦法帶領團隊。不然以他的技術能力跟資歷，現在最少是個技術總監以上的水準，外面應該有大把的機會才對，沒必要待在公司。

後來呢，我偶然有機會跟他合作，有一次會議後剛好接近中午的時間，他邀我一起吃午飯，我想難得有機會可以跟前輩請益，自然是爽快地答應了。吃飯過程中我問他：「大哥，你的技術能力這麼強，外面應該有薪水比現在高很多的職務找你去才對，你沒有考慮嗎？」

我記得他是這麼回答我：「是有不少公司找上門來，但海外的職缺我不考慮，因為我家需要我照顧。以軟體這個行業來說，多數公司更強調溝通與帶案子，而不是技術，所以他們大多要我當技術總監，且一定要帶團隊。但帶人這件事我一直覺得很麻煩，我討厭盯進度，也討厭在合作時遷就別人，更討厭做績效考核。前幾年都還有獵頭要說服我去帶人或者去海外工作，但都被我拒絕了，這一兩年主動來找的就很少了。」

當我還在體會他的考量時，他給了我一些建議，他說：「我覺得你是有潛力的，技術學習能力很不錯，也願意帶團隊跟扛案子，你未來的選擇應該會比我更多，我算是被自己的堅持給

困死了。也還好現在的公司願意接納像我這樣的人，讓我繼續在這裡做自己想做的事，扮演想扮演的角色，薪資的部分我還能接受就好了。」

這頓飯，給我帶來了一些啟發，前輩能力很強，但能選擇的工作卻愈來愈少。事後我跟主管聊到這件事，因為我主管跟這位前輩共事了十多年，是私交非常要好的朋友。

我主管是這麼跟我說的：「專業能力會給你增加很多的機會，如果還有管理能力跟溝通能力，那機會就更多了。假設專業能力可以給你帶來 100 個機會，加上管理能力跟溝通能力後，可能會有 500 個機會。但這麼多的機會中哪些才是好的呢？你要篩選嘛，怎麼篩？當然就是設定條件，例如什麼行業不要，薪水低於多少不要，工作地點太遠不要，篩選完可能剩下 100 個，你從這裡面慢慢挑總會有機會找到適合的。」

「但是，如果你設定的是**不要帶人，不要扛案子**，那你一開始擁有的機會就只有 100 個。但偏偏你應徵的那些高薪職務，對方花大錢找你來就是要你能帶團隊跟扛案子的，這 100 個工作機會中，可能有 90 個對這個職務的定義都是如此。你不想帶人跟扛案子，可能就少了 90 個機會，剩下的 10 個，可能有五個是需要外派的，但你又不想外派，所以你能爭取的可能只剩下五個工作機會了。如果你能爭取到這五個工作，那就是所謂的理想工作，要不就得接受現實，拿掉一些條件。」

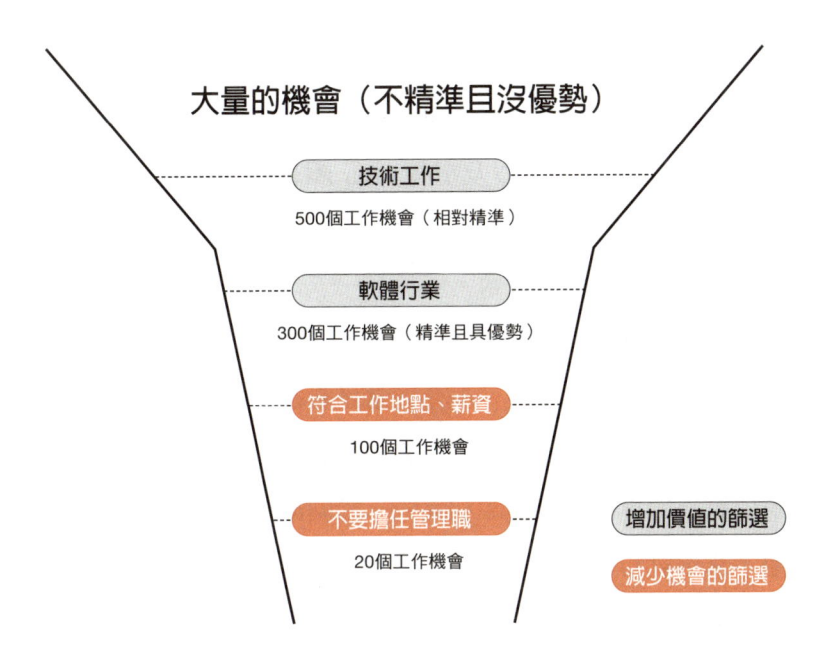

```
         大量的機會（不精準且沒優勢）
              ┌─ 技術工作 ─┐
              500個工作機會（相對精準）
              ┌─ 軟體行業 ─┐
              300個工作機會（精準且具優勢）
           ┌─ 符合工作地點、薪資 ─┐
              100個工作機會
                                    增加價值的篩選
           ┌─ 不要擔任管理職 ─┐
              20個工作機會          減少機會的篩選
```

> 能力，會讓你擁有更多的機會與選擇；
> 限制條件，則會讓你聚焦於真正想要的；
> 但若限制過多，卻會讓你失去各種機會。

尋找產品與市場的契合點

做產品的時候，我們最怕的就是做出一個非常獨特，但只有少數一兩個人需要的產品。所以在產品發展的早期，我們必須找尋**複數個願意為產品買單的用戶**，這群用戶是產品最早的

使用者,也就是所謂的早期用戶。至於複數是多少呢?

如果你在求職,你會怎麼看待自己的市場行情呢?通常是看拿到的 offer 數量,以及這些 offer 願意給的薪資水準,代表市場上對你這樣的人才有一定的需求。那要拿到幾個才夠呢?其實只要有三~五個大致上就具有一定代表性了。

如果你是要看看自己是不是個好主管,那要怎麼知道自己的領導與管理能力不差呢?通常是看被你帶領的團隊的整體表現,如果你管理的部門績效表現良好,成員流動率低,你負責的跨部門專案也多能順利完成,橫向部門的人也樂於跟你共事,那你就有複數個案例來佐證自己的領導與管理能力了。

若能更進一步,你在三間公司擔任過管理職務,也都獲得不錯的成績,那又是另一個複數案例,你完全可以說自己是個稱職的管理者。而且市場上確實也需要你這樣的人。

如果你是能提供專業性服務,例如個人健身教練,那你可以試著從身邊的朋友做起,用比較低的價格開始,一個小時先收個 300~400 元,然後看是否有 5 位以上的朋友需要你的健身教練服務,如果有,那或許意味著需求是在的。

但你覺得一個小時收費 400 元實在太便宜了,你覺得最少要收 600 元,所以你試著調高價格,結果仍然有一些人願意負擔每小時 600 元來購買你的教練服務。600 元這個價格符合你的期待,也是你能力上應該享有的,同時市場也願意買單,這

就皆大歡喜了。

所謂的複數，不見得是一個具體的數字，而是有一定數量的人願意對你所能提供的價值買單。從上面幾個案例來看，我想大家應該能理解當中的意義。

你的能力，代表你「能做」的事。持續提升能力，市場就會變大；你的意願，代表你「想做」的事。有一些堅持，有所為有所不為，彈性愈大機會愈多，但可能會違背你的個人意願；你的定位，代表市場「需要」的事。找出能力能做，意願想做，同時又願意為此付錢的用戶。

前幾年有個很紅的概念叫 ikigai，描述的概念與此雷同，差別在於我們今天比較不談「世界需要的事」。

上星期我們談產品原型。你的原型，或許無法在**能做、想做與市場需求**三件事情上平衡得很好，但隨著你不斷修正，總是能將產品調整到符合自己定位，也符合市場期待的樣子，此時，你的產品就算是找到產品與市場的契合點（Product Market Fit）了。

當我們活得不開心，工作沒成就感，很多時候可能只是**能做、想做與市場需求**三件事無法平衡。

有可能是能力不足。累積能力，或者換去做一件自己擅長的事，可能就解決了；也可能是做的事情自己不喜歡。那找尋自己熱愛的事來做，或許也解決了；也或許是找錯用戶對象。

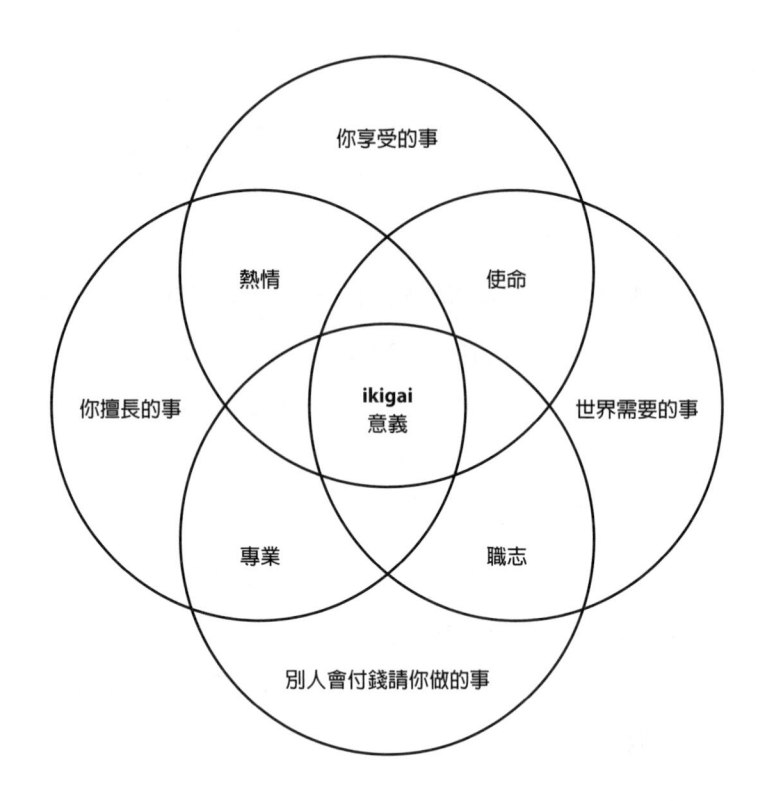

```
                    你享受的事

           熱情              使命

你擅長的事      ikigai      世界需要的事
              意義

           專業              職志

              別人會付錢請你做的事
```

　A 主管不喜歡我，但 B 主管可能很愛我啊；又或者是市場太小／現在的公司接受我是這個樣子，但外頭我找不到第二間了，這時你得試著去調整自己，拿掉一些限制條件，稍做妥協，有時機會就會大量增加了。

　能做、想做、市場需要，這永遠是每個人的課題。要解決這樣的問題，只有不停地把自己放到市場上去驗證，才會知道到底問題出在哪兒。

盡可能找尋交集

在我離開第一家公司,開始找尋人生第二份正職工作時,我對工作的要求是「100 人以上網路公司」、「成長速度快」、「產品＋技術管理相關職缺」。那時無論獵頭或主動邀約,找上我的職缺,工作地點大多都在台北,而我定居在台南。

那時家人建議我在南科找一個 IT 部門主管缺,或者到傳產去上班,還是乾脆通勤高雄,去一家國際電商公司上班。但那時我看來看去,這些職務都被我歸類在有能力做,但不感興趣的分類中。而我有興趣的工作,則大多在台北或者海外。只是因為那時我準備要生小孩,所以也沒打算去海外工作。

層層限制下,能選的工作就變得非常有限,而且全都在北部。此時,我有三種選擇：

1. 全家搬到台北。
2. 我自己住台北,週末回家,當個假日老公跟爸爸。
3. 放棄北部的工作,找一個南部的工作。

不過坦白說,三個我都不想選。我想跟台北的工作談遠距辦公,但那時遠距辦公不像現在這麼普遍,多數公司還是希望我能實體辦公。就在我陷入困境的時候,腦袋中出現一個念頭：「通車啊,笨蛋。」就這樣,我開始了兩年的南北通勤生活。做出這樣的選擇,讓我可以選擇能做、想做,而且收入不錯的

工作，只是通勤稍微累了一點。而且在半年以後，我每個星期已經能有一兩天在家辦公的時間，也算是具備不錯的彈性了。

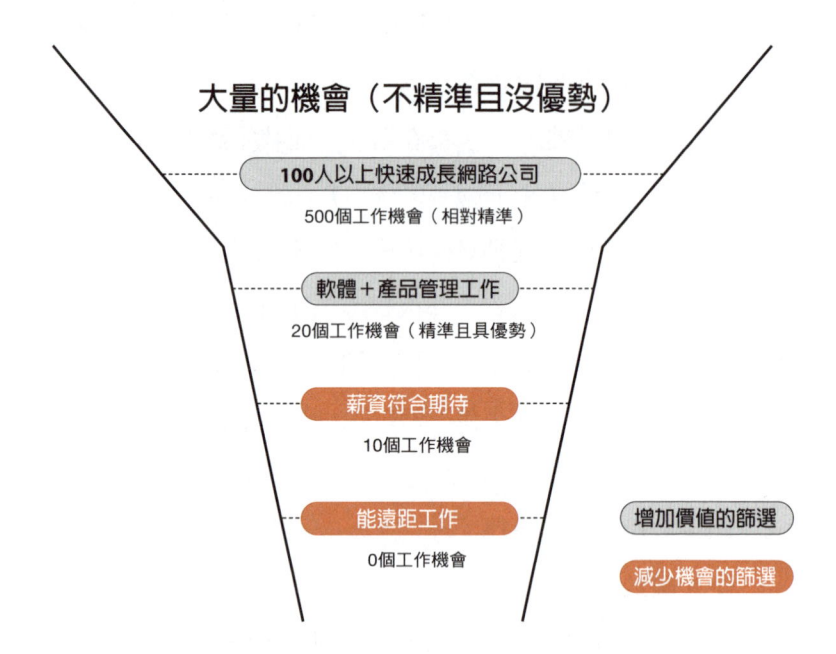

大量的機會（不精準且沒優勢）

- **100人以上快速成長網路公司**
  500個工作機會（相對精準）
- **軟體＋產品管理工作**
  20個工作機會（精準且具優勢）
- **薪資符合期待**
  10個工作機會
- **能遠距工作**
  0個工作機會

增加價值的篩選
減少機會的篩選

在這家公司，我證明了自己能做到遠距工作也能帶著團隊前進，所以在我離開公司後，很多找上門來的工作都能接受我遠距辦公。

我用成功案例來佐證自己能遠距工作，擁有帶領互聯網大型產品團隊的能力，以及能在大型組織中帶動變革的能力，因此有愈來愈多的企業願意買單我提出的要求，讓我能在**能做、想做與市場需求**三件事上取得平衡。

但有時,理想交集可能不存在

在前一個案例中,我很幸運地找到了人生與工作的交集,讓自己在家庭、工作與生活間取得平衡。但「兼顧」本身就是一種條件限制,而我也遭遇過幾次無法兼顧,只能想辦法將賺錢與志業分開的狀況。

我希望自己能為社會奉獻一份心力,並希望從事這類對社會具有正向影響力的工作,所以當時我創辦了以教育培訓為主軸的商業思維學院,並將自己所有的時間、精力,乃至於資產都投入在學院內,試圖從中實現人生各方面的抱負與追求。

但在經過幾年努力後,我發現這樣不可行,因為這是一條窒礙難行的路。在教學成效極大化與公司營收極大化這兩件事之間,產生了明顯的衝突點;而往前一步想,這個衝突發生的原因,很可能與我們鎖定的用戶對象有關。

這群用戶是我們真正想服務的對象,而教學成效極大化是我們產品的核心價值,營收極大化則是經營公司的根本。這幾件事個別都是對的,但我暫時找不出有效平衡的方法,三者之間的交集不大,而有交集的部分,恰巧又是我打造這個產品時的 Don't(s)。

陷入兩難的我,試圖跳脫三者一定要有交集的思考,先將營收從中抽離,先確保對目標用戶教學成效極大化這大原則不變,然後務求不虧本。而公司營收極大化的部分,則透過其他

服務與收入來源取得。我無法做一件事時同時滿足三個需求,那我得退而求其次,拆成兩件事。

當我拆開看,解決方案突然出現了,這也讓我的生活再次回到平衡狀態。找到交集當然很好,這能讓我以最省力的方式做事。但一味地找尋交集,很可能反而忽略了真正重要的事——活得開心自在。

Lesson 19 練習　確認我的早期用戶

我找尋的早期用戶是_____,我預估大約有_____人屬於這族群。

本堂課的收穫

Lesson 20
籌辦產品發布會，發現我的潛在客戶

過去這些年，每當我規劃了一個產品，並且決定要將這個產品公諸於世時，我總會舉辦產品發布會。發布會的形式有可能是召開內部會議、參與外部研討會、發布新聞稿、舉辦發布會，或者在網路上透過數位行銷的方式將產品資訊發布出去。

產品發布的目的很單純，就是將自己的產品介紹給更多的潛在客戶知道，並藉此帶入新的商機，所以產品發布會的關鍵，自然會放在如何讓聽眾們意識到「這個新產品將能滿足他們哪方面的需求」。簡單地說，發布會的目的，不是單純為了宣傳，更是為了往後的轉化。

專屬「自己」的產品發布會

如果你有機會站上舞台跟大家推薦你自己，你會說些什麼？你可能會以為這是不是就像自我介紹，將自己的背景、經驗、專長等交代一下讓對方知道就好？自然不是的，這麼做就完全沒有符合產品發布會的四個要素：

1. 產品的價值主張。客戶對象是誰（Who），他們有什麼痛點或需求（Why），我們的產品或解決方案如何解決痛點與滿足需求。
2. 為什麼你該選擇我（Why me）。市場上如果沒有明顯的競爭者，那重點放在喚醒意識，如果有明顯的競爭者，那就直接做出區隔，並說明為何我是更好的選擇。
3. 產品與服務展示。我會怎麼解決你的問題（How），如果有口碑或早期用戶的證言可以一併帶上。
4. 呼籲行動（Call to action）。

首先要思考，你在跟誰對話？他應該是你想要訴求價值的對象，有可能是你的老闆，可能是客戶，也可能是合作夥伴。

以我為例，當我是自由工作者的時候，我主要的業務有三大類，顧問、講師、訂閱服務。顧問的主要溝通對象是老闆或人資，講師的主要溝通對象是人資，訂閱服務則是對一般的職場工作者。不同對象，在意的點不同，溝通的重點也不同。

接著要思考，你的對話對象可能有哪些痛點或需求，而這些正好是你能幫上忙的。

以學院為例，當我們的溝通對象是職場工作者時，大家常見的痛點或需求不外乎想要變強，想要轉換跑道，想要認識更

多的人;而當我們要溝通的對象是企業老闆或 HR 時,他們的痛點主要在於員工的成長速度太慢,或者內部溝通與協作不順暢,甚至是公司內找不到成長的突破點,希望能透過吸收外部經驗來克服。而這些正好都是學院能幫得上忙的地方。

第三,明確讓對方知道為什麼他要選擇你?

一樣提供線上課程,為什麼我們可以做得比其他單位更好?對一般消費者來說,我們可能會說因為我們課程的結構好,老師可以提供長期的指導與協助,還有學習營跟同儕陪你一塊學,再不行也還有學習營能手把手陪你做一次,還會協助你求職與轉職。

對企業來說,我們的訴求則是高彈性的學習機制,每個員工可以修不同的課程,同時每個員工都還可以參加不同的學程來強化自身能力,企業不需要擔心每個人的學習成長,若企業希望短期、密集地提升員工能力,那就幫員工報名學習營,見效速度會很快。

第四,要求採取行動,或者讓對方知道可以做些什麼。

例如,可以訂閱電子報,追蹤我的 YouTube,掃 QRCode 看我們的銷售頁,現場下單購買,或者進一步了解商品報價等等,這樣才不讓這次的溝通白費了。你得圍繞著這次發布會的目的貫串整場活動,如果無法讓人採取行動,那這個活動就沒有達成原先目的。

錄一段小型的產品發布影片

這套溝通邏輯你可以用在業務開發、商業合作、締結人脈，甚至求職上。

為什麼你的履歷會石沉大海？因為你用制式履歷去面對所有職缺，因為你沒有打中對方的痛點，或者對方不認為你是最好的選擇。

但如果你願意花點時間研究這個職缺，產業，甚至這家公司，然後針對性地去修改你的履歷、求職信，乃至於面試，那你的錄取率就會大幅提升。

為什麼商業合作會談不下來？我經常遇到沒有仔細了解過我或我們公司的人，劈頭就跟我說他們的產品有多棒，有多少人跟他們合作。坦白說，你連我的需求是什麼都不知道，遑論能跟我深入談什麼合作了。

但如果對方對我的背景做過研究，也了解我現在的狀況，知道我需要哪些協助，並從這些點切入來跟我洽談，只要條件可以，成功機率就會大幅提升。

為什麼業務開發經常會失敗？你可能挑錯對象，或者你打的痛點他一點也不痛。例如你訴求投資報酬率高，但對方或許更在意品質或服務，也可能是因為市場上真的有其他更好的選擇。

但如果你產品一開始就設定好對象，而且對這些對象做過

訪談與研究,並做了早期用戶驗證,然後鎖定有相同需求的對象做開發,那成交率一定會大幅提升。

當我們理解產品發布與自我介紹的不同,也知道產品發布會可運用的場景後,接著我想邀請大家為自己籌備一場產品發布會,會前你需要先做兩件事:

1. 定義你的溝通對象是誰。
2. 你想要達成的目的是什麼。

接著,請動手寫下產品發布會逐字稿,內容大約 500～750 字,約兩三分鐘的內容,內容可以包含以下項目:

1. 你是誰?
2. 你有什麼值得大家留意之處?
3. 你對溝通對象的需求與痛點的理解。
4. 為何你可以協助對方?
5. 有哪些問題時可以來找你?
6. 為何你會是最好的選擇?
7. 呼籲行動。

除第一項的你是誰,以及第七項的呼籲行動外,其他項目可以按狀況自己調整或增加,但請務必將整段內容限制在 750 字以下,也就是語速每分鐘 250 字下,用三分鐘左右念完。

接著,邀請各位將這段話用語音或影片的方式錄下來,感受一下自己的說服力,然後將這段文字與影片發布到社群媒體上,讓更多潛在的客戶們能清楚知道你的價值。

Lesson 20 練習　籌備我的產品發布會

產品發布會大綱或草稿:

本堂課的收穫

Lesson 21
勇於展現自己，擴大個人影響力

有了產品宣傳文案，接著我們要思考的是如何讓更多潛在用戶知道自己。我們必須擴大自己的影響力。影響力這件事，大家都知道，但我們應該如何來定義個人影響力呢？

在公司內，你的提案總是會被採納，這是影響力；你在會議室中總是擁有話語權，這也是影響力；公司同事願意跟著你一起做事，同樣是你的影響力。

在公司外，你的社群帳號有很多人追蹤，你的言論總是會被轉發，這是影響力；你發起的各種活動，總是有很多人響應，這也是影響力。

你有專業能力，但你還需要在適當的場合做特定的事，影響力才會發生；你有很棒的觀點，但你必須說出來或寫下來讓大家看到，影響力才會發生。

一個擁有卓越畫工的畫家，如果他只是默默地作畫，不會有人為他的功力讚嘆，也不會有人願意花大把錢買下他的畫作；一個擁有尖端技術的工程師，如果他只在自己的工作崗位上工作，而目前的工作也只需要他展現一半的實力就能完成任

務,那這個人的影響力其實也是嚴重被低估的。

說到這裡,你有沒有發現什麼?你有能力或專業,這是屬於你的產品規格,這有價值。但**如果你沒有在恰當的管道或平台上曝光,那你的影響力是嚴重被低估的**。

假如有兩位專家,其中一位經常在網路上發表專業言論,另一位則不曾發表過任何公開言論,即使兩個人的專業能力相去不遠,影響力卻是天壤之別。兩位技術大神,若有一位頻繁參加各演講場合,也非常擅長公共演說,另一位則相對害羞含蓄,永遠只擔任聽眾,兩個人的影響力也會有很大的差距。

要放大個人影響力,除了你本身要足夠好之外,還得挑選合適的曝光場合讓其他人知道,這些場合我稱為**圈子或通路**。

> 通路,是以銷售為目的,可以讓你直接接觸到核心用戶;圈子,是以建立連結為目的,可以讓你有機會藉由他人引薦而接觸到核心用戶。

擴大通路

前面的段落中,我們談論打造產品,也聊到了如何找到早期用戶,而經過早期用戶的驗證,證實了產品真的很不錯之後,下個動作就是要**擴大潛在客戶的觸及數量**了。那要怎麼樣才能觸及到更多人呢?

得擴大通路。

什麼是通路？其實就是你與潛在客戶接觸的管道。你可能會在網路上刊登廣告，讓更多有興趣的人看見，進而聯絡你，所以廣告就是一種通路；你也可能經營 Facebook、IG、threads 或其他社群媒體帳號，讓更多人看見你，這也是一種通路；你可能會參加各種社群或者商會，當中會有很多機會讓大家認識你或你的產品，這些社群跟商會也是一種通路。

賣東西需要通路，銷售自己也需要通路。如果你要找工作，希望能讓更多公司看見自己，好增加自己的面試機會，那你要怎麼思考通路呢？除了將自己的履歷放在更多的求職平台外，你還可以透過關鍵字操作，讓求才方更容易找到自己，或者你可以透過主動投遞履歷來增加自己的能見度，你也可以在 LinkedIn 上直接與獵頭或用人單位的人資建立連結來爭取機會。

總之，產品好，更要有足夠的曝光；而足夠的曝光，則需要有效的通路。

以我自己來說，我擴大影響力的通路主要有幾個。

Facebook——我每週會貼出很多篇自己的觀點與想法，可以觸及超過兩萬人；

部落格——我每週約會有一篇文章貼出，然後轉貼跟轉載到各媒體上，觸及的人數一樣超過萬人；

寫書——我一年平均會寫一本書，書籍會觸及到的對象與

Facebook 或部落格不同,通常也是 5,000 到 1 萬人的規模;

演講——每年約莫會接受 10 ～ 20 場不等的演講,每一場演講約莫會觸及 100 人左右,算起來約莫是 1,000 ～ 2,000 人。

在這些通路與場合中,我日復一日地做,專業的影響力自然大幅提升。如果你想經營個人品牌,那你得想想應該經營哪些通路。擅長寫,那或許部落格或社交平台是好選擇;擅長說,那或許 podcast 是個好選擇;擅長演,那或許 YouTube 或演講是個好選擇。先挑選自己比較擅長的切入,把一個通路做起來,影響力的擴散就會比較穩定。

把握展現自己的機會

那如果你並沒有要經營個人品牌,只是想在公司內擁有影響力,又該怎麼做呢?

我會建議你千萬不要錯過每一個表達觀點的機會。公司內的會議,你是否會勇於表達意見與觀點,嘗試在這些場合中展現出與眾不同之處呢?你可能覺得這樣好像太出風頭,但請想想看,你是要繼續懷才不遇,還是要給自己爭取一些機會呢?以下分享幾個比較容易,且不會讓人感覺那麼愛現的做法。

第一個,提出問題,並夾帶觀點。用提問掩飾你正在表達觀點,當你用「我有個地方不太了解」開頭,別人會覺得你態度上是謙卑的,但大家目光會不自覺地聚焦到你身上。這時你

可以說說自己的觀點與想法,大家可能會覺得你說的好像滿有道理的,緊接著你在最後帶一句「但我不確定我有沒有想錯」,又再次讓大家覺得你很謙卑。

整體下來,大家會覺得你說的話很有道理,但又覺得態度好像滿謙卑的。多來幾次,大家就會覺得你是個很有想法,而且很會找出問題的人,但同時還是很謙虛。

第二個,幫忙做會議紀錄或總結。在部門會議或跨部門會議中,與會成員經常會討論得不可開交,或者中間經過很多雜亂無章的討論。過程看似有產生一些結論,但會議開完後很多人都忘光光,負責做會議紀錄的人卻可能整理得不夠完整,只能憑記憶處理。這時若你剛好有做紀錄,在會議要結束前,你就可以說:「我剛剛整理了一些結論,大家看看有沒有遺漏的,會議後我再寄給大家。」

當你在一片混亂中還能冷靜地幫大家做好這件事,大家通常會覺得你人很不錯,也會對你的冷靜、細心留下印象。

第三個,用你的專業,幫忙處理一些分外工作。如果你的技術能力不錯,可以協助公司的 IT 搞定一些棘手的技術問題,一方面展現你的專業能力,二方面也讓更多人看見你。如果你很擅長做簡報,公司內沒有簡報講師,你完全可以自願來教其他人做簡報,這一樣會讓你的專業被看見。當你做了這些「分外工作」,見證你專業的人就會愈來愈多。

過去我曾經幫人資的培訓計畫認領了 5 堂課程，是當時公司內最多的；我也曾連續兩年接下公司尾牙的活動，趕工趕出尾牙活動需要的系統；我還曾經幫業務部門培訓業務主管，即便當時我帶領的是研發部門；這些額外的工作，都幫我在組織內奠定了良好的聲譽，也因此擴大我的影響力。

　　總之，請務必記得，要提升自己的能見度，除了等待主管看見自己外，還得有更多主動出擊的動作。

耕耘圈子，成為他人願意引薦的對象

　　談完通路，接著來聊聊什麼是圈子。簡單地說，圈子就是**社交圈或平台**，如果通路是一個讓你觸及其他人的方法，那圈子基本上就是一個提高識別度的元素，我舉個例子。

　　如果你有兩個新認識的朋友，一個朋友在迪士尼工作，另一個則在公家機關工作，你會對哪個人更感興趣呢？通常是前者。因為迪士尼對你來說就是個很特別的公司，在那工作的人應該也會滿有趣的吧？我猜你會這樣想。

　　我還記得我念碩士班時，有個同學自我介紹時說他正在國安局工作。國安局？什麼樣的概念，對那時的我們來說，這個工作感覺非常特別，非常有趣，所以大家的聊天的焦點都集中在這位同學身上。大家問的問題不外乎都是：「哇，好酷喔，那你平常負責些什麼樣的工作？」、「你需要幫忙擋子彈

嗎？」、「你們會像 FBI 一樣出特勤任務嗎？」

諸如此類說營養又不是那麼有營養的問題，但這位同學就因為他的工作而成了群體中的焦點。

迪士尼、國安局，這就是圈子的一種，在這個圈子內的人，都會被特別關注，因為這個圈子很特別，所以讓我們對這個圈子內的人感到特別好奇，這是人之常情。

學校、公司、社團、朋友圈其實都是一種圈子，你只要好好地耕耘身邊的朋友圈，便能創造很大的影響力。我很鼓勵大家廣結善緣，即便你不是喜好社交的人，還是建議經營一些優質的社交圈，例如一起學習的同好，願意共享資源的朋友群等等。圈子的威力除了讓外人提高對你的評價外，內部人也會更願意把你推薦給他的朋友們，因為他對你有比較深刻的認識，也因為跟你合拍而在同一個圈子內成為好友，他們的引薦就成了你擴張影響力的觸角，幫助非常大。

以我自己來說，微軟最有價值專家這個圈子，在我職涯中扮演很重要的角色。除了讓我認識一堆技術神人外，也讓我有機會跟這些人一起學習，很多人跟我的交情都延續到現在，為彼此的人生增添了許多色彩。

或者我在創辦學院後找了大約 40 位 mentors，這些人都是我一個一個去邀請，每個人的專業背景、人格特質，我也都經過一定的研究才發出邀請。當中超過 90% 的人目前都還維持

著聯繫,其中有幾位更成為我人生中重要的夥伴。

產品好,還需要有好的通路與圈子,才能讓影響力持續上升。你也可以想想,你身在哪些圈子裡?又擁有哪些通路呢?

Lesson 21 練習　盤點我的觸及範圍

我的通路:

通路名稱	能接觸到的潛在受眾人數

我所在的圈子:

圈子名稱	圈子的特色

本堂課的收穫

Lesson 22
挑選適合自己的圈子,加速建立人脈

「物以類聚,人以群分」這句話背後的意思,就是圈子通常決定你是一個什麼樣的人。如果你是個崇尚自由的人,你會跟那些嚮往自由的朋友交往,也會加入價值觀更相近的群體;如果你是個喜歡抱團取暖的人,那你會發現你身邊的人,很多也都是這種類型。你說這是吸引力法則嗎?或許是,畢竟有相同價值觀的人本來就會互相吸引。

在我出社會的這些年裡,結識了很多人。有些人相交多年,但我知道他跟我終究不是同一個圈子的人,我們可以當朋友,但大概做不了知己。這是因為我們的價值觀、性格、興趣都不同,而且不容易找到交集點,這是很正常的一件事。

有時有些我不太熟識的業界前輩來找我合作,但因為我對他不夠熟識,只能試著從他寫過的文章、專訪,或者跟他簡短的交談中去了解他這個人。但我也會發現,這些人行走江湖多年,早就練就了一身不容易被看穿的本事。所以我接著會去觀察他的圈子,看他與哪些人長期合作,又與哪些人稱兄道弟,然後看看別人跟他互動的過程,藉由他的圈子來觀察他。

這樣做是因為我相信,一個人在什麼樣的社交圈裡活躍,通常代表他跟這個社交圈訴求的核心精神契合,也意味著他認同這個圈子的主流價值觀,以及核心成員們的價值觀。

當我看不透一個人的時候,我就看他的圈子,這一招通常滿有效的。如果他身邊都是一堆我不欣賞的人,而我能很清楚地說出我不欣賞的原因,那我對這個人的期待也會大打折扣。你說有些人出淤泥而不染,或許吧。但我認為,如果這個人是因為沒得選擇而不得不在他不認同的圈子裡生活,例如原生家庭,那也就罷了。如果這個人是有得選擇,但卻仍在這樣的圈子裡呢?那就是另一件事了。

圈子,就像是你所生活的環境。在好的環境下,你學習成長的速度都會很快,你的思維模式與習慣也會跟圈子裡的人愈來愈像,而你因此建立的人脈圈對你的幫助通常也會很大。

有一句廣為流傳的話是這麼說的,你的成就是跟你最親近的五個人的平均值。這個觀點雖然無法用科學簡單地佐證,但卻清楚地點出圈子的重要性。

挑選你的圈子

既然圈子這麼重要,那我們要如何挑選適合自己的圈子呢?你可以依循以下的做法來進行。

需求

你有哪些需求是想藉由加入圈子來獲得？是商業目的？是連結資源？是學習？是找尋同好？或者是獲得榮譽？

目的不同，你要找的圈子也不會相同。如果你是希望擴大商業人脈，希望能藉此多一些商機，那或許商會如扶輪社、獅子會、BNI 等就會很適合你；如果你希望認識更多相同職務的朋友，可以互相交流，則可以加入各種線上與線下的社群，例如敏捷社群、產品經理社群等；如果你想要學習，那學院的學習小組、打卡團、學習營、社團都是不錯的選擇。

總之，在你思考圈子時，你的目的可以很多元，不見得就單純是為了認識更多人。

圈子成員與資格

有些圈子可能因為身分、年齡、成就不滿足條件所以進不去，有些圈子成員的組成則與你的年紀差異太大，也不適合你加入。同樣都是老闆群，但如果你想感受新創氛圍，那你就該加入新創相關的社群；如果你想打入傳統產業，那或許你該考慮更傳統的商會。

總之，先看看已經在圈子裡的人，是不是你想結交與認識的。

價值觀

通常經過上述兩層篩選，你能加入且適合加入的圈子就比較明確了。最後一個步驟我會建議各位做價值觀的篩選。

你可以想想，或許你想賺錢，同時也重視道義，如果加入一個為達目標不擇手段的圈子，你會怎麼樣？要不被同化，要不就是適應不良。或許你希望自己能成功，期望能透過自己的努力來達成，但圈子裡大家推崇的方法卻是用政治手段來達成，這樣一來，你在圈子內或許也會感到格格不入；反過來說，如果你加入一個價值觀很契合的圈子，便會感到如魚得水。你會很享受跟這些人在一起的過程，也會從中獲得很多。

當這個圈子內有你想要的東西，你也具備加入圈子的資格，同時在價值觀上也與你相符，那就是適合你的好圈子。

所謂的人脈，絕大多數都是透過圈子而來。建議大家，**建立人脈時，先選圈子，而後才選人**。找到一個好的圈子，就可以在圈子內建立很多好的人脈。圈子已經幫你搭起了平台，並把這些人吸引過來，你只要在這個平台上，就能直接跟這些人接觸，這遠比一個一個去敲門快多了。

Lesson 22 練習 進一步檢視我的圈子

我想要加入或鞏固的圈子：

圈子名稱	圈子的特色

本堂課的收穫

Lesson 23
做對四件事,在圈內產生正面影響力

如果你已經挑選出一些圈子,也順利加入這些圈子,那恭喜你,已經踏出提升影響力的第一步。接著就讓我們進一步來探討,如何在這些圈子中,持續擴大自己的影響力吧。

在同一個圈子裡的人很多,為什麼有些人就可以在圈子裡成為一個咖,或者獲得他希望獲得的影響力?而有些人雖花了大把時間,在圈子裡卻始終發揮不了影響力呢?經過多年的觀察,我發現能產生巨大影響力的人,通常具備以下幾點特質。

在圈子裡值得鼓勵的行為

第一,樂於助人。

有些人不見得是某個領域的大神,但他們在圈子裡卻很受歡迎,最常見的特質就是擁有一顆樂於助人的心。他們會協助召集、組織圈子裡的活動,而且大多是無償的。他們願意服務他人,只是單純因為他覺得自己可以,而且也應該這麼做。這種單純且熱心的人,通常是大家想積極認識的對象。

第二,懂得做球給別人,不會讓鎂光燈繞在自己身上。

這是個很有趣的現象，在社群或者社交圈中，總會有一些人希望自己是獨一無二的存在，很享受鎂光燈在自己身上的感覺。不過那些具有巨大影響力的人，他們懂得適時讓出位置，讓鎂光燈照在別人身上，懂得做球給別人，換別人當主角，群眾對自己的好奇心也不會一下子就消散掉。

第三，主動協助圈子內的新人們。

每當圈子內有一些新成員出現，這些人就像里長伯一樣，怕你被冷落，希望拉你盡快入夥。他們就像個前輩一般，引導你很快地融入這個群體當中。

第四，不吝於分享自己的專業與資源。

如果他自己懂得些什麼，而大家又需要他，通常他不會吝於貢獻自己的專業；如果有些資源他有辦法取得，他也不介意將自己手邊的資源拿出來協助大家。

在圈子裡應該避免的行為

一個樂於助人，懂得做球，主動協助他人，並願意分享自己資源的人，通常到哪個圈子裡都是受歡迎的人。反之，有些人則很容易成為圈子裡的拒絕往來戶：

第一，只想拿而不願給的人。

進到圈子後，腦袋裡想的都是自己可以得到什麼好處。明知道有些資源他並不需要，但不拿白不拿，有多少他就會拿多

少。這種人不會懂得為群體著想，短期他會從圈子內獲得一些資源，但時間拉長，基本上不會有人願意跟他往來。

第二，自吹自擂的人。

從自我介紹開始就不停地吹噓自己多強多厲害，認識很多厲害的人之類，接著還要聊一些目前最流行的東西，生怕別人不知道他正走在潮流尖端。像這種只顧著說想說的話，忽略聽者感受的人，在圈子裡一般也是大家避之唯恐不及的對象。

第三，凡事利益至上的人。

他說的每句話，做的每件事背後都有很強的目的性。做一件事前都先問他可以獲得什麼，如果已經很明確無法獲得他想要的，他會找出各種理由來回絕各種為圈子做出貢獻的機會。

我在圈子裡打滾的這些年，看過無數案例，在此快速地幫大家整理出好的與壞的特徵，讓大家有依歸避免踩雷。

如果我們已經知道一些好的行為，那我們初來乍到，又該如何融入這個圈子，讓自己有更多的機會貢獻一己所長，並成為一個人人想認識、有影響力的人呢？

第一，多參與活動、討論、互動。

你得先讓更多人認識你，我會建議你盡可能參與圈子內每個活動，如果大家在交流討論時你可以加入，回饋一些你的想法與觀點，在這過程其他人會對你有更多認識，這是第一步。

第二，擔任活動志工。

如果圈子內有舉辦活動的話，你可以跟主辦人說自己願意幫忙，並主動承擔一部分工作。當大家在討論或交流時，你可以協助做些紀錄或引導，讓整個過程更順暢。主動做這些事會讓大家進一步認識你，也會為你加上一些分數。

第三，持續一跟二。

接下來你需要一些時間，累積在圈子內的信任感與名聲。你要重複上述兩個動作，讓更多人更深入地認識你，你在圈子內的知名度跟影響力都會大幅提升。

採取行動

為了讓自己在圈子內創造影響力，你可能會透過參與活動、交流等方法跟圈子內的成員互動。那你會以什麼樣的形式或頻率讓這些事情發生呢？

以我自己為例，我主要關注的圈子有幾個「創業圈」、「經營管理」、「技術管理」、「產品經理」、「教育」、「學習」等。我不太可能每個圈子的活動都跑，但為了在這些圈子創造影響力，還是會評估自己的時間與資源才做出判斷。

所以我會根據自己當下的狀況去分配時間：

圈子	形式	頻率
創業圈	文章＋演講	每月兩篇／每季一場
經營管理圈	文章＋演講	每月四篇／每季一場
技術管理圈	活動	每月一次
產品經理圈	文章	每季一篇
教育圈	文章	每季一篇
學習圈	文章	Facebook 經常性分享

因為前幾年我在推廣商業思維學院，所以把主軸放在這些課程的受眾身上，把多數的時間花在「創業圈」、「經營管理」、「學習」這三個圈子，包含寫相關的文章，以及出席演講或活動。因此大家會看到我有一陣子寫文章很偏特定族群，其實大多是因為那個時間點我是有意識地在跟對應的對象溝通。

而「技術管理」、「產品經理」則是我一直都很關注的領域，所以這兩個圈子的關係我倒是一直維持住，確保自己不會被圈子給遺忘。

「教育」則是學院長期經營所需要維繫的圈子，畢竟學院本身從事的業務就比較偏向這兩者，我們若要擴大影響力，很大比例就是得在這些圈子中擁有一定的知名度與關係，否則很多事是不容易推動的。

以上就是我的影響力計畫。寫文章的部分是自己可以控制

的；活動如果是自己舉辦的，也是可控的；公開活動也可以自由參加。至於封閉型態的活動，你得有人帶路，這時就要有計畫地建立相關人脈；而演講邀約則是得先讓人認識你，並釋出意願，或者主動投稿到各大年會活動，看看是否能雀屏中選。

總之，重點在於計畫。你可以設定一年計畫，也可以設定半年或一季的計畫，當你有了計畫，距離擴大影響力就只剩一步之遙了。

在此，我還建議各位回過頭去再思考一次：你目前想要積極發展的圈子，跟你先前設定的用戶對象是否有關？深耕這個圈子，真的能擴大你的價值嗎？你設定的方法，真的會有助於你在圈子內建立影響力嗎？

為什麼我會這麼問呢？因為我發現很多人在擴大影響力時壓根兒搞錯了方向，以下我舉幾個常見的例子給大家參考。

想要找工作，應該經營的圈子是個人職能圈。例如產品經理圈、專案管理圈，透過跟其他人交流，藉此獲得更多的職缺資訊，或者主動推薦讓更多人認識自己；又或者是人資圈子，可以到 LinkedIn 上去更新自己的專業經驗，分享專業見解，這都能有效吸引人資的目光。

但有些人卻跑去經營老闆圈子，以為在老闆圈子裡跟他們交流互動獲得對方的回應，代表自己獲得正向肯定。這些人並沒有意識到，這些老闆在圈子內跟你互動只是一種社交行為，

他們很少會因此挖角你。儘管花了大把時間經營他們，也可能對找工作幫助不大。當然了，如果你的專業水準真的很高，連老闆都想跟你請教，那就另當別論了。

假如你想要在某個領域中成為具有影響力的人，但你並沒有投入時間為這個圈子做出貢獻，只是在圈子有活動時在一旁看戲，看看是否有什麼流量可以蹭回自己身上，或者在熱點討論中藉機行銷自己，吹噓自己的能耐。這時你創造的只有厭惡值，很少會是影響力。

用戶、圈子、創造影響力的手法，這三者息息相關。有時，你會搞錯用戶或者圈子；有時，你則會用錯手法，建議大家經常回過頭去比對自己做的每件事，背後的目的，然後確保自己正在正確的道路上。

在展開計畫之前，請先問自己這兩個問題：

我經營的這個圈子，能幫助我跟用戶產生連結嗎？

我將採取的行動，真能幫我在圈子內建立正向影響力嗎？

如果你的答案是肯定的，那請立即採取行動吧。

Lesson 23 練習 我的影響力計畫

我想要在以下的圈子，以活動、演講、寫作等形式建立影響力，而進行的頻率可能是每天、每週、每月或每年：

圈子	形式	頻率

本堂課的收穫

Lesson 24
懷抱助人之心，讓機會自然發生

影響力的本質，在於讓他人因為自己而變得更好。

知名棒球選手大谷翔平在高中一年級時使用了「九宮格法」，為自己設定成為「所有球隊第一指名」的遠大目標。而在這個遠大目標之下，他會在八個方面做努力，其中包含了「運氣」這一項。

對大谷來說，運氣不全然是上天賜予的，還要靠自己努力而來。所以他做了以下幾件事來強化自身的運氣。

- 碰到人要記得問好。
- 好好珍惜球具。
- 看到垃圾要撿起。
- 對裁判抱持尊敬態度。
- 經常讀書。
- 好好整理房間。
- 正面思考。
- 受人支持。

看起來是稀鬆平常的事,做這些就能確保好運嗎?當然不是的,但大谷想強調的是盡可能做好一切自己能努力的事,留意可能有變因的部分。透過平時的努力,讓問題發生時,運氣會偏向自己這方。

舉例來說,碰到人問好,這個人可能是隊友或教練,彼此關係好時,對方會更願意指導你或提點你,讓你留意到自己疏忽的地方;珍惜球具,經常保養且愛護球具,避免球具有所損耗而沒發現,而這也避免了因為球具問題而導致的失誤。

每一項,看似無關運氣,但用意是讓一些看似隨機發生的事件,轉變成對自己更有利的事件。這就是為運氣而努力。

在我們的一生中,很多事情都是未知的,我們可以透過學習與實踐來壯大自己,讓自己擁有更多選擇。同時,我們也能做許多事來強化自身運氣,降低意外帶來的風險,同時獲得意料之外的機會。

利他,對別人好

我的好朋友——唯賀國際餐飲公司總經理吳家德,他是我眼中的人脈超人。他認識的人又多又廣,對朋友也都是真心款待,所有認識他的人對他的評價都極其正面。我曾與他請教過關於「人脈經營」的概念,他說他其實不是刻意經營人脈,只是希望對別人有幫助。這就是他處世的核心價值觀——利他。

他相信對人好，對他人有所幫助，對方能活得更好，這就值得開心了。對方若活得好，對社會，對他人也有幫助，那就是加倍的開心。如果再進一步，對方不只活得好，還加入了「利他」這個陣營，一起對人好，那這個社會就會更好。

一個人的善念，擴大為一群人的善舉。當你認真對他人好，對世界好，全世界都會來幫助你。

先付出，才有機會收穫

我有另一位好朋友 Manny，曾在我創辦商業思維學院的前期，跟我說了一句很有力量的話：「不管你做什麼，我都會幫你，真的。」

我不知道自己到底何德何能，有幸獲得對方這樣的支持。當我問他，為什麼願意無條件支持我？他告訴我：「你在做的事情很有意義，一定要支持，加上之前我請你幫忙時，即便條件很嚴苛你還是盡力幫我，我也要回報才行。」

其實當初的幫忙，我並沒有想過要獲得回報，更沒想像過這個回報可以如此巨大。

多年前我還是工程師時，我經常在公司內分享各種新技術的資訊。不是單純的轉貼網路新聞，而是針對內容做出摘要，並註明可能對哪些工作或產品有參考價值。剛開始的目的只是為了做資訊共享，讓大家可以在差不多的基礎上展開工作。

這份分享我原本只發給自己所屬部門，漸漸地擴大到其他部門。後來有人將郵件轉發給公司的高層，高層看到我在做這件事，還特別回信給我，鼓勵我繼續，然後要我以後也發給他。就這樣，我跟高層之間也有連繫，有時他也轉發我分享的內容，讓我在公司內的影響力持續擴大。

順手做的事，卻獲得這麼大的迴響，真的是意外之喜。

過去在工作中，我經常協助同事完成任務。一來是想幫對方解決問題，二來則是因為我可以趁機學習。而當我幫的人愈多時，也會逐漸累積出一股願意幫忙我，或在關鍵時刻願意挺我的力量。

這股力量有時能讓我負責的專案推動更順利，有時則是讓我在心情糟糕透頂時獲得一絲力量，讓我相信對世界的每一分善意，都能讓自己的生活變得更好。

對別人好不是天生的能力，而是需要練習而來的。

成為願意先伸出手的那個人，讓自己成為給予者。先別計較是否獲得回報，盡可能在自己能力範圍內協助他人。

經營關係與影響力的重點在於付出，而不在於索取。當你將自己的價值展現人前，許多的機會將自然發生。

Lesson 24 練習　我的利他計畫

為了對他人有所幫助，現在的我能做到哪些事？

本堂課的收穫

Part 5

OUTLOOK

迎向未來，
長線思考

定期淨空心思，

長線思考。

Lesson 25
將 20% 的資源用在投資未來

  Lesson 24 我曾提到:「當有餘裕時,堅持投資未來。」你知道現在的自己擁有餘裕,但你無法保證未來會活得如何。在有所餘裕時,為未來累積資產,這是所有長青企業在做的事。

  我在第一份工作時,爬升的速度很快,也很受到老闆的喜愛。早期我覺得很快樂,但一段時間後,卻發現自己的快樂開始下降。主要的原因與我在工作中的成長停滯有關,原因之一是我雖然一直負責新產品,但產品成功的邏輯太雷同,我已經很難從中獲得更多挑戰與學習;原因之二則是因為我想學習網路公司的運作方式,但公司目前缺乏這種環境。

五年後我該是什麼樣子?

  剛意識到這件事時,我曾想過是不是該換工作,但要離開一間待了七～八年,已經扎穩根基的公司並不容易。所以,我就這樣拖著拖著,又過了一年半左右。直到 2015 年時,我的焦慮感再次燃起,那時我自問:「五年後我該是什麼樣子?」

  我得到的答案是這樣的:

> 1. 熟悉網際網路公司的商業模式。
> 2. 負責跨國產品。
> 3. 對公司營運成果負責。
> 4. 有第二家以上公司的成功經驗。

那時我深刻地意識到，**若繼續待在現在的公司，五年後根本不可能變成我想要的樣子**，為了成為五年後的自己，我現在就必須做出改變。

幾個月後，我到新公司任職。這是一家網際網路公司，但公司內並沒有正式編制的產品部門，而我負責的崗位也不對業績負責。剛到職的我，更稱不上有任何成功案例。這意味著，上述條件中的 2～4 這幾項，是我必須在工作中創造出來的。

我剛到新公司時，團隊的狀況很不好，士氣低落，工作安排沒有規則，跨部門溝通衝突多，幾乎無法好好做事。在進行過內外部的一對一之後，我很快就知道問題在哪。

問題一：技術債。公司產品跟技術管理制度很亂，工作沒有優先順序，架構疊床架屋，流程有很多的 workaround，導致品質愈來愈差，而這又進一步加重後續解決問題的 effort。

問題二：信任債。研發部門跟其他部門間缺乏信任基礎，業務不認為研發搞得定事情，研發也不相信業務提出的需求，

出事後經常是互捅，但研發部門經常是輸的那一方。

當時的主管們，已經接受這樣的問題存在，並認為這不是自己的責任。但就我過去的經驗來說，這樣的問題不解決，未來只會更慘不會更好。**如果我希望自己能在公司站穩腳步，讓自己有機會承接更重要的任務，那我必須要先解決眼前的問題，讓曙光出現，也讓自己能掌握話語權。**

針對信任債與技術債，我選擇短期承受壓力，押了一個具有明確交付日期的計畫給業務總經理，承諾他短期的幾個關鍵任務我們都會準時交付。而最後團隊說到做到了，換回了業務部門對我們的信任，讓我們往下的變革愈來愈容易推動。

而技術債，我則是讓團隊內一兩位成員先抽離目前的工作，專注去解決架構與流程的問題，從根本上大量減少重複性問題。過程中則花了很多時間，用各種方法協助業務部門解決他們所遭遇到的問題，降低他們對開發資源的需求，咬牙撐過中間的三個月。

那段時間，我選擇承受短期的壓力與工作量，來換回長期的餘裕與空間。只花了三個月左右的時間，我就解決困住大家兩三年的僵局。

我跟其他主管之間的關鍵差異在於，我知道現況持續下去不會更好，若我想看到未來的樣子，現在就必須做出改變。

在搞定這件事之後，公司有另一個重要職務的負責人，因

為工作壓力問題身體出了狀況，而那個職務對網路公司來說至關重要。這個職務是維運，所謂的維運，簡單說就是確保公司的服務一週七天 24 小時都不會掛掉。很多科技業或軟體業會有 24 小時 on-call 的任務，就是這些負責維運的工程師們。

想當然爾，這樣的工作多數人是避之唯恐不及的。但那時我卻跟老闆主動爭取讓我來負責。說真的，那時候我帶領的團隊大約是 60～70 人，加上我正在推動內部很多改革，工作量算是大的，但我還是跟老闆爭取負責維運工作，為什麼呢？

大家可以回到我最早加入這家公司的期待，目的中的第一點，我想要熟悉網路商業模式，而維運工作是這個商業模式的重要環節，如果我沒有歷練到，那就不能稱為熟悉。這是我當時去爭取這個工作任務的原因之一。

除此之外，我也知道負責維運可以讓我在提出各種管理制度改革時更有話語權，畢竟沒有人希望系統老是出錯。當我能爭取到足夠的話語權，接下來要掌握產品的主導權一定會大有幫助。而負責產品，是我當時設定的第二項期待。

我本來已經有一些信譽，如果我又把維運給搞好，就直接在公司站穩腳步了，也算是在這家公司做出成績來。

我接手維運工作後，一樣只花了兩個月的時間就解決了許多積習已久的問題，而我的策略都是一樣的。**承受短期壓力，將部分資源配置到長期項目上，從根本上解決困擾已久的問**

==題，讓未來愈來愈好。==

在我加入的半年多，工作範圍已經橫跨大半個公司，我的影響力跟權力也成長得非常快。而公司內當然也會有一些人對我感到不滿，私底下有不少的小動作出現。

那時曾有個同事問我：「那些人在搞你，你現在的權力比他們大，為何不把他們處理掉？」

而我問他：「為何我需要花心思在他們身上？」

對方回答我：「你不覺得煩嗎？把他們處理掉，你之後會更省力。」

我告訴他：「我在工作上想要獲得的並不是權力，它只是讓我去做想做的事情的工具。現在權力我已經有了，我會將權力更多地用在完成工作，而不是花在鬥爭上，除非他干擾到我，害我沒法把事情做好，否則這對我來說都稱不上阻礙。」

當對方盯著我，把所有的心思跟時間放在我身上，而我的心思全部放在我的目標上，不在意跟他們的短期競爭。所以一段時間後，我的目標達到了，但他有可能還在追著我的屁股跑，那誰的損失比較大呢？鬥倒他對我的目標沒幫助，還會分散我的注意力，何必呢？

==把心思放在長期的目標，不要太過在意一些短期的小紛爭。只要控制好風險，其實可以不用太擔心那些短期的小衝擊。==

這種關注長期的觀念，我稱之為長線思維。

長線思維

我很早就意識到長線思維的重要性,不過亞馬遜的創始人傑夫‧貝佐斯(Jeff Bezos)曾說過的一段話,讓我對長線思維有了更深的體悟。他說:**「如果你願意投資一個 7 年的規劃,你的競爭對手會少很多,因為很少有公司願意這樣幹。」**

亞馬遜的成長飛輪之所以能夠有效轉動,就是因為將短期的收益繼續投資在長期策略上,時間一久就建立起可觀的競爭壁壘,其他競爭對手要追上亞馬遜就需要很長的時間。

這樣的概念我們也可以用在自己身上。**「如果把時間拉長,永遠看五年、七年,把現在的時間投資在未來的可能性上,而投資的標的不為別的,就是自己,那現在我該做些什麼?」**

那些只做短期規劃的人,是看不見長期風景的。

最少保留 20% 給未來

不過為未來做準備這種事過猶不及,如果你將所有的心力都放在未來,那現在又該怎麼度過呢?走向未來不見得總是要壯士斷腕,更多時候我們必須兼顧現況,然後逐步走向未來。但現在與未來之間到底該如何平衡呢?

我的建議是,不論何時都該保留一部分的時間與資源給未來,若真的要抓一個比例,我認為**最少不要少於 20%**。

20% 的時間,放在為未來做準備,在工作中爭取未來工

作角色所需的經歷，累積未來所需的能力，工作之餘，花時間學習未來需要的知識；20% 的可支配所得，投資學習，投資工具，讓自己的效率提升，也讓自己的時間得以空出來。

有些人的職涯方向一直很明確，所以可以在目前的工作中持續累積未來職務所需要的能力跟資歷，他投入當前工作就等於在為未來做準備。但我們可能會面臨職涯的轉折，或者當前的工作難以累積未來所需的能力，此時當前的工作就很難為未來挹注養分，你得靠自己才行。

舉例來說，如果你現在是個剛出社會的工程師，你對五年後的想像是成為獨當一面的資深工程師。現階段你最需要學習的能力就是技術，但兩年後你可能需要掌握架構設計能力，或者工作管理能力；工作四年，你可能會需要開始帶領新人，而這些都是資深工程師所需具備的能力。**若你在這份工作中累積的能力與經驗，都是未來職務所必須，那是最理想的狀態。**

不過多數時候，我們都是在理想與現實中持續修正，想想未來要什麼，工作中可以獲得些什麼。如果在工作中無法獲得，那我們就得花 20% 的力氣去修正，藉以回到理想路徑上。

例如你希望自己未來能擔任主管職務，但現在的工作中你只有幫忙面試的機會，但沒有實際參與公司決策、帶領團隊、打考核等經驗，在現在的工作中無法累積這方面的經驗。所以你決定透過參與社群、擔任志工的形式去學習如何帶領團隊，

也透過報名管理課程的形式來學習如何評績效跟打考核。**透過工作之外的投入來學習工作中無法學到的東西、修正路線,這也是一種很不錯的方法。**

如果我們選擇不修正,而是放任現況繼續下去,那最終就會累積成嚴重的債務。等到我們有意識想改變的那天,累積的問題可能太過龐大,改變的代價太高,讓我們不敢輕易投入,最終只能逼自己放棄原先的目標,另尋其他方向。

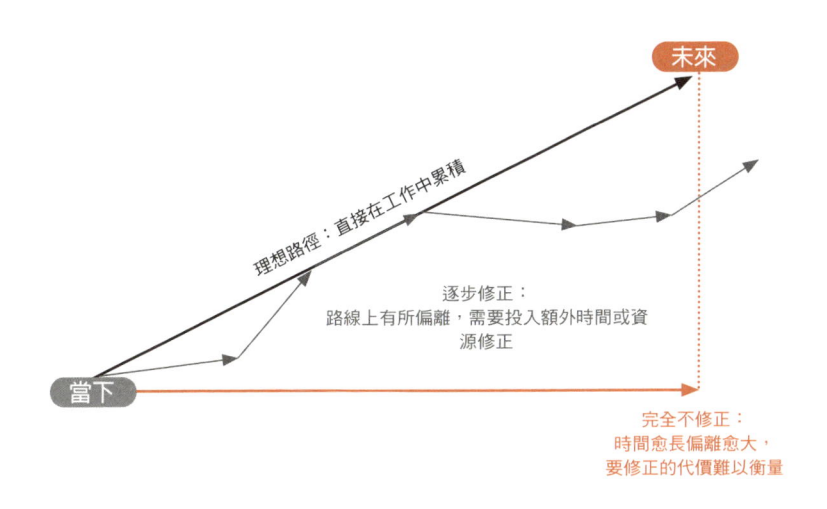

理想路徑:直接在工作中累積

逐步修正:
路線上有所偏離,需要投入額外時間或資源修正

當下 → 未來

完全不修正:
時間愈長偏離愈大,要修正的代價難以衡量

在多年的實踐與觀察下,我認為 20% 是一個多數人都能負擔的比例。如果你在理想路徑上,20% 的投入可能會加快速度,如果不在理想路徑上,20% 的投入則會讓你有機會修正到理想路徑上。

生活很難盡善盡美，但我們可以透過選擇與修正，使自己盡可能回到理想路徑上。

落實長線思維的四個步驟

在談論長線思維時，很多人都表示自己能理解，可是**短期就有很多事情得處理，哪有心思去想到未來**。所以那些放任技術債持續堆積的人，口裡說著要處理技術債，但總是會給自己很多理由；那些嘴裡喊著要學習、要改變的人，也總是用最近太忙，過段時間再來處理為藉口，合理化自己只看短期的行為。

長線思維的概念並不複雜，但運作時要大家犧牲短期來成就長期，這對很多人來說會有一定的障礙在。這些障礙主要來自三個面向。

> 資源障礙：短期就夠忙了，哪有時兼顧長期，這是資源分配上的問題。
> 衝突障礙：改變會帶來衝擊，怕自己適應不來，怕別人反彈，這是害怕衝突的問題。
> 不確定性障礙：短期這麼辛苦，長期真的會好嗎？這是對未來的不確定性的擔憂。

為了協助大家有更高的機率開始落實長線思維，我會建議

大家參考以下四個步驟，可以大幅降低障礙。

Step 1：想想五年後的自己

我們必須先對長期有期待與想像，才能開始為未來做打算。因此第一個步驟就是要想想五年後的自己。

每一個年紀，對五年後的想像都不同，在我 25 歲時，對五年後的想像只有工作上的成就，希望成為一個大型企業的高階主管；30 歲時，我的想像是成為一位在某領域非常知名的專業人士；35 歲時，我的想像則是能成為一個好父親，但同時又希望在工作上挑戰更有趣的題目；今年來到了 40 歲，我對五年後的想像則是成為更好的父親，以及更具影響力的人，可以幫助到更多需要協助的人。

隨著我的人生閱歷不同，對未來的想像也是經常在改變，而且有時會直接推翻掉原先的想法。對此不用感到焦慮，因為你是經過覆盤與思考後才做出必要調整，只要不是受迫調整，那就是一種好事，你該為自己喝采才對。

在思考五年目標這個問題時，我有個故事想分享給大家。這是關於當年我決定離開第一份工作時的抉擇，我在那家公司待了九年，所有高階主管跟我的關係都很好，也經常可以玩我想玩的任何東西，但我總覺得缺了些什麼。而這個念頭，其實在我腦袋裡已經放了一年以上，只是我一直沒有認真面對。

就在 2014 年的時候，我又在一篇文章中重溫了賈伯斯說過的一段話，他說：「每天早上起床我都會想，如果今天是我人生的最後一天，我要不要去做我打算做的事？」

那一刻，我就像被雷擊中，我問自己：「當下在做的，是不是自己最感興趣，而且能發揮所長的事情？繼續待在目前的公司，我能否持續成長？」

我得到了否定的答案，那一刻，我知道自己該修正方向了，那一年，我 34 歲，幾個月後我來到了另一家截然不同的公司，展開了我接下來的新挑戰，到目前正好六年半了。我跨過了當時給自己設定的五年目標，成為現在的自己。

Step 2：現在就開始的小改變

對未來有想像後，接下來最重要的是立即採取行動。但行動不能躁進，因為改變太大不僅風險大，也會讓人望而卻步。**很多人之所以遲遲無法開始，就是因為他們還沒準備好面對阻礙與承受壓力。**要解決這類的問題，有些人可以靠自己想通，但更多的人則需要**先看見一點點希望**。

解決技術債問題，如果一開始就希望畢其功於一役，希望老闆同意投入 10 個人、給半年的時間處理，失敗率就太高了。當我們將目標一下子拉到這麼高，一碰到挫折就會退回去。

更可靠的做法是先從一些小小的改變開始。例如，先投入

一小部分的資源去解決局部的技術債問題，當你發現你可以調用 0.5 個人力資源投入改技術債，你就會開始相信你有機會調用一個人、兩個人。

轉換職涯跑道的問題，你也不用一開始就設定半年成功轉職的目標，因為這意味著你要不就是辭職找工作，要不就是邊工作邊投入大量的時間學習。前者會給你帶來財務壓力，後者則會有時間壓力。若要承擔這樣的壓力，很多人會選擇放棄。

所以我的建議是，仍保有原先的工作，然後運用晚上或假日的時間開始學習，從一個星期三小時開始，漸漸提高到 10 小時。當你發現這樣的投入是你能負擔的，就更容易持續了。

不管你打算採取什麼樣的策略，我的建議都是立即開始。

Step 3：創造局部成果

當你開始採取行動後，下一個步驟就是要創造一些小小的成功。這個小成功能強化自己的信心，讓我們相信未來是有機會發生的。

當你發現你可以投入 0.5 個人去改技術債，那就意味著你確實有權力去調整資源；當你發現自己確實有時間投入學習，那就意味著你有可能學會一門新的專業，然後成功轉換跑道。

小改變是為了讓我們易於開始，小改變帶來的局部成果則讓我們更願意持續下去。

Step 4：邁向下一個小成果

當局部成果出現，我們接著要再朝下一個小成果邁進。

這星期跑一公里，下星期跑兩公里，一步步加上去；現在可以調用 0.5 個人力，下個月可以調用一個，問題最終會被解決；這星期學習三小時，下星期學習五小時，投入在學習的時間總會達到理想狀態。

要破除障礙，就不能總想著一步到位。一步到位是長線思維的大敵，因為所有的長線任務都是靠一步步累積來的，很難畢其功於一役。

財富自由得靠著長期的財務紀律來實現，很難短期實現；職涯轉換也得一步步學習來掌握必要能力，很難瞬間就變成那個樣子；理想職務的獲得，也不是能力到就好，有時還需要充分的布局才行。

展望未來，但從現在開始做起，這是長線思維的核心概念，只有展望是沒有用的。

Lesson 25 練習 我的長線規劃

對五年後自己的想像：

_____
_____
_____
_____
_____
_____
_____

我立即要展開的行動：

_____
_____
_____
_____
_____
_____
_____

本堂課的收穫

Lesson 26
增加個人選項與餘裕，給自己做決定的底氣

在你的身邊，是否有那種凡事小心翼翼，生怕自己做錯決定的人呢？他們可能非常擔心犯錯，也擔心錯過，因為他們總是有各種內心小劇場，擔心犯錯的風險，也擔心機會錯過就不再來了。

做任何決定時，真正重要的是你想要什麼，這並不是說風險跟機會成本不重要，只是很多時候，我們都高估了它的重要性。

很多人在做工作選擇時會諮詢他人的意見。有人會建議選薪水高的，有人則建議學習機會多的，還有人建議選職稱好聽的。每種選擇各有各的優點與缺點，所以你就陷入了選擇的困難。選擇困難的背後，其實是擔心自己選錯了。

在工作中，有時你可能會想要爭取主導某個專案，但卻擔心萬一爭取失敗了怎麼辦？或者一旦提出爭取，其他人會不會覺得你想競爭，或者很愛現呢？與此同時，你可能還擔心自己搞不定案子，最後把自己弄得滿身腥。我們總有些想做的事，但在採取行動前，我們總會裹足不前。

機會其實比你想像的多

我在 2012 年時拒絕公司一個重要的任務指派,那次的派任很可能決定能否成為公司接班梯隊最核心的一員。當時有資深同事勸我:「這種機會拒絕了,下次就不會再來了。」

他說的很有道理,畢竟在公司內的晉升之道我還是清楚的。我一旦拒絕,以後就會退出老闆的優先名單中,大概有幾年的時間都不容易再有這樣的機會。不過在考慮後,我還是拒絕了派任。而我拒絕的原因是我思考過未來想走的路,也開始為了結婚而準備將自己的工作往中南部移動。

另一個原因則是,**我並不擔心失去這樣的機會**,我很清楚自己在市場的行情,如果在這家公司沒機會,我相信以我的能力跟經驗,可以在另一家公司做到更高的成就。

如果我把眼光放在現職公司,機會當然就少了,但我一直都有在關注外部的機會,所以並不擔心自己真的沒有退路。

當你眼中只看到一個機會時,你會很擔心錯過它,甚至會為了它而放棄其他可能性,此時的你其實是不理智的。如果你願意經常看看自己的機會,擴展眼界並增加機會,你會發現比眼前更好的機會遍地都是。**這時選擇不要,就不是錯過,而是做出了篩選。**

類似的事情也發生在 2016 年,那一年老闆要求我常駐上海,並直言:「將軍就該在戰場上,不在戰場的人不應該當將

軍。」我當然知道這是一種威逼利誘的手段，也知道拒絕之後可能就進不了老闆最後的信任圈。但在老闆詢問的當下，我還是直接婉拒了常駐的派任。

同事知道後一樣說可惜，因為老闆並不常對人發出那樣的邀請。但我認為那就是眾多機會之一，錯過了並不特別可惜。

我在公司的兩年時間，一樣持續在了解自己的市場行情，我知道自己的能力、經驗能拿到什麼樣的工作機會，因此並不擔心自己的後路。當機會夠多時，做決定就比較不擔心。

當然了，選擇多的另一個問題則是擔心選錯，而錯過了更好的機會。我的觀點是一樣的，相同的機會其實很多很多，只是你沒有主動去接觸。當你接觸的機會夠多時，會發現 A 公司能給的條件，原來還有一大堆公司也能給。這次你選了 B 而錯過 A，沒關係，一段時間後再來試試 A，或者去找那些願意提供同等條件的公司就好。

永遠別只看著眼前的機會，而是讓自己習慣接觸更多的機會，要做決定時才不會因為資訊不足而擔心害怕。

機會其實遠比想像的多很多，別把眼光放在眼前這棵樹，而是放眼看看整片森林。

風險其實比你想像的低

在過去十多年，我最常被提問的問題，通常都是跟「採取

某種行動的後果」有關。擔心拒絕老闆下班前的任務交辦會有不好的後果；擔心在會議室中跟別人衝突會留下壞紀錄；擔心在沒有找到工作的狀況下離職，財務會出狀況；擔心新工作、新環境的適應問題；甚至懷疑自己是不是不該選擇轉換跑道。

但我給大家的建議其實滿一致的，除了平常就要累積餘裕外，還要把一個觀念放在心上，那就是：**做決定可能會有短期風險，而不做決定，你承擔的其實是長期風險**。更重要的是，其實做這些決定的風險遠沒有你想像的那麼大。你可以問問自己：**「真的做錯了決定，最糟糕的狀況會是什麼？」**

轉換跑道後發現自己不適合，那就是退回再找一次新工作，你的損失可能是半年的時間，但也並非一無所得，最少知道了這不適合你。相較於 40～50 年的職涯，花半年找方向跟嘗試，其實是個很划算的投資。就算真的選錯了，你也不至於就回不去了。

在會議室中不認同別人的觀點而提出反面意見，最差的狀況可能是兩個人撕破臉，或者被貼上難搞的標籤。但你只要稍微學習如何禮貌的表達反面意見，這問題就能解決了。即使真的撕破臉，通常只要耐著性子多溝通幾次，關係還是能修復的。就算真的修復不了，請拿出被討厭的勇氣，心安理得就好了。

在我創業前，有人告訴我創業風險很高，不要輕易嘗試，也告訴我創業就像一條單行道，上去後就回不了頭了。

那時我問他:「如果我創業失敗了,會怎麼樣?」

他一時說不上來,最後告訴我可能會賠錢,可能會賠了人生,就差沒有跟我說會妻離子散吧。我又接著問他:「如果我創業後發現創業不是我想要的,我想下車會有什麼問題?」

這件事他說的倒很具體,他說:「你可能會因為離開職場太久而失去競爭力,也可能適應不了再次當別人員工的生活。另一方面,你可能會覺得自己是個輸家,竟然半途放棄了。」

以我的性格來說,創業失敗,可能就賠一些錢,不太可能是幾千萬,幾百萬的風險我承擔得起。只要做好風險管理,這對我來說不是大問題。

而我也不擔心自己會失去競爭力,因為我過往累積的資歷,足夠擔任講師或顧問養活自己。唯一需要考慮的就是創業失敗後的心境調整,但我一直都不是一個會把念頭走窄的人,如果真的碰到了,我想一段時間後就能克服了。

當你設想過最差的狀況,而且那個風險是你能承受的,其實你就能放膽做決定了。

畢竟你不會放任事情往最糟糕的方向發展,做決定不是一場豪賭,即便設想過最差的狀況,你還是得做好風險控制才行。簡單地說,最差的狀況可能是賠 100 萬,但多數狀況下,過程中你會透過各種方法,試圖將風險控制在 50 萬以下。100 萬都能承受的你,50 萬自然也不是太大的問題了。

人生的路很長，你必須做出無數個決定，短期最安全的做法當然是不要改變現狀，但不做決定其實是一種慢性自殺，你的風險永遠都在長期。所以在考量風險的最後，你需要再問自己一個問題：**「我選擇維持現況的話，風險會是什麼呢？」**

　　不敢跟別人衝突，把委屈放在自己心裡，這樣一來，你可能會發現自己的意見永遠不被採納，自己的專業也沒有發揮空間，在工作中很難累積到足夠的信譽。找下一份工作時拿不出吸睛的工作成果，只能換一份還行的工作，然後繼續用相同的心態工作，長期下來，職涯路只會愈走愈窄。

　　在 30 歲時不敢轉換跑道，35 歲時則完全失去了轉換的勇氣。但你得想想，你距離退休還有 30 年左右的時間，你是要現在承擔風險，但是找到一個適合自己的工作，還是要放棄探索，繼續做一份不那麼喜歡的工作呢？

　　當然了，選項永遠不會只有兩個，你可以找出第三，第四個選項，但有幾個選項是次要，最重要的是該選擇承受部分風險，而做出理智，能兼顧長期的決定。

把路走寬，不要走窄了

　　機會與風險，經常是一體兩面的，當你的機會愈多，選項愈多，通常也意味著退路愈多。而退路多，你所承擔的風險一般也會降低。你的風險承受能力，也將左右你的決策。

若要讓自己在做決定時愈來愈自由,我認為有三個很重要的努力方向:

第一,增加機會與選項。

在選擇工作時,有些人會在兩個不太理想的選項中糾結,但其實他只要多花點時間找到第三個更棒的選項,自然就不需糾結了;想要離職時,因為看不到比目前工作更好的機會,所以選擇繼續留下來。但其實只要願意透過各種管道去接觸新的工作機會,就知道現在困住自己的問題,其實根本不是問題。

我認為選擇自由的第一努力方向就是增加機會與選項,讓自己手上經常有別的選項在。

第二,提高自己的選擇能力。

當你擁有足夠多的選項時,緊接著要努力的方向則是提高自己的選擇能力。簡單地說,就是當你想要選 A 工作時,你被錄取的機率很高;而當你想改選 B 時,對方也會願意要你,這叫做選擇能力。

提高選擇能力的方法很多,而其中一個所有人都能用的,自然就是提升自己的專業能力,讓自己成為能被看重的人才,到哪邊都受歡迎。

先讓自己看得見更多選項,接著讓自己擁有選擇能力,需要擔心的事就會少很多很多了。

第三,提升餘裕,尤其是財務餘裕。

我身邊有許多朋友，專業能力很不錯，工作選擇也很多，但他們在做選擇時仍然小心翼翼。主要原因是支撐他們做選擇的餘裕不足，他們日常的生活開支很大，在找工作時還是會將薪資當成最關鍵的因素。也是因為這樣，他們總無法順應內心的渴望做出內心最期盼的選擇。

　　所以若要讓自己更安心地做出選擇，你還需要有支撐決策的底氣，而這些底氣就源自於你的餘裕，尤其是財務餘裕。當你手邊沒有閒錢時，你不敢換工作，你也不敢做出任何會帶來財務損失的決定，更不可能隨意休耕。

　　金錢不能解決所有問題，但可以提升你做決定的底氣。

　　很多人的路愈走愈窄，是因為沒有看到更多的機會，或者在面對機會時總是怯於做出選擇。但其實機會比你想像的更多，而風險也總比你擔心的更小，用正確的心態看待風險與機會，人生的路才會愈走愈寬廣。

　　也預祝各位，在思考人生選擇時能套用本堂課所談到的觀念，重新思考，讓自己過上理想人生。

Lesson 26 練習 盤點做決定的底氣

選擇維持現狀，我的風險會是什麼？

假如想要換工作或暫時休息，現有的餘裕（尤其是財務餘裕）情況如何？

本堂課的收穫

Lesson 27
適度安排休耕期，才能走更長遠的路

當我們習慣忙碌的工作與生活，總會忘記適時地停下腳步，讓自己休息一陣子。所謂的休息，並不是週末休息兩天這麼簡單，而是讓自己從當前的生活與工作中抽離一段時間，用另一種節奏與心態來過生活。

過去十多年，我每年會給自己兩段完全放空的時間，這段時間我稱為休耕期。休耕期的概念是源自於土地耕作。

土地在耕作時都會安排休耕的時間，因為作物的生產主要決定於土壤的肥力，土壤的肥力包括有機質。在耕作期間土壤的肥力會因為被作物吸收而逐漸降低，所以在耕作期後，一般會安排一段時間，種植綠肥讓土地的肥力恢復。你會看到很多田地在休耕期間，可能會種植波斯菊或油菜花，最後則是讓這些花爛在田地裡，成為田地的養分，讓肥力恢復。

人也是一樣的，當我們持續一段高紀律的生活後，總是會覺得有點疲憊，精神力跟體力產生大量耗損。此時，讓自己適度地休息放空一下未嘗不是一件好事，這段時間你可以盡量讓自己放鬆去做一些平常比較不會去做的事情，當作犒賞自己也

好,當作淨空重新思考也好,總之,讓自己休息一陣子。

我人生的第一次休耕

打從出社會,我一直都維持著高強度的工作,投入在工作的時間很長,也很專注,所以我的績效表現一直很好,工作中遭遇到的問題也大多都有解。因為這樣,老闆對我很信任,同事也願意跟我搭配一起工作。我對自己在公司內的重要性感到自豪,覺得自己不可替代。

在 2007 年時,當時的女朋友,也就是現在的太太約我去日本北海道旅行,那是我第一次出國。做決定時我有許多猶豫,而其中最讓我游移不定的因素是,為了去旅行,我需要在過年前請假五天,而且得花一大筆錢。

農曆年前後一般是公司特別忙碌的時間,而那時的我帶領一個開發團隊,部門內還有很多事情需要我來處理。我覺得如果我不在,部門出了問題怎麼辦?如果我不在,那些我該處理的事情放著誰處理呢?

我還記得那時我找主管聊這個話題,他告訴我:「就去啊,如果你離開五天就出問題,那才是大問題。」

搭上飛機,來到日本,因為當年的手機網路還沒那麼順暢,在整個旅程中我完全沒有收發郵件,也沒有使用通訊軟體來討論工作任務。我暫時把工作放到一旁,專心地享受第一次

的出國旅行。

人生第一次看雪，第一次在下著雪的露天溫泉中泡湯，第一次吃帝王蟹吃到飽，也是我第一次用心地感受生活。研究所兩年，我急著證明自己能賺到足夠多的錢，把多數的時間都花在賺錢上；出社會的前兩年，為了出人頭地，也為了證明自己比別人更優秀，我花了超多的時間在工作上。

工作，占據了我絕大多數的時間，也影響我生活中的喜怒哀樂。**多數讓我開心的事，都跟工作有關，而讓我不開心的事，幾乎全都來自於工作。**

這次的旅行，讓我對自己的生活有了一些新的想法。

首先，我發現我除了工作之外，好像沒有其他人生目標。當我將時間過度投入在工作中，我總會以忙碌為藉口而忽略掉很多事，例如我的家人，我的社交關係，甚至是對自己職涯的想像。我想要更有意識地去過生活，而不是被工作推著走，然後奪走我所有的時間。

其次，工作不只占據了我多數的時間，還左右了我的情緒。因為我投入了大量的時間與心力，所以工作上的成果或挫折都會被放大，而我的情緒就會隨著工作被認可而開心，也會因為遭遇挫折而異常難受。我很難用平常心來看待工作中的表現，過度在意，容易患得患失。

第三，是關於我面對其他人的態度，我太常妥協。為了讓

事情推進，我總是會在溝通過程做出一些妥協，但我內心其實知道這樣的妥協不見得是好事，所以在每次妥協後自己內心都覺得過意不去，覺得自己太輕易低頭了。我不應該迴避衝突，也不要迴避該修復的關係，我應該作出問心無愧的選擇，而不是最安全，但實則有害的選擇。

當我的時間被一大堆工作塞滿時，就會被工作推著走，根本不會有時間思考這些問題，就算有時間思考，在我還沒準備好調整時，下一件事又來了，很難有足夠的餘裕進行調整。

那次旅行回來，我作了一番調整，讓自己用全新的心態來面對工作與生活。

比爾・蓋茲的思考週

休耕期的概念並不是什麼獨有的觀念，微軟創辦人比爾・蓋茲也提倡過一個雷同的概念，也就是思考週（Think week）。

自 1980 年起，比爾・蓋茲每年會給自己空出兩次空檔，一次一週的時間。這段時間他會放下所有的事務，與外部徹底隔絕，只閱讀書籍、博士論文、重要報告書等，並思考微軟的未來。這段時間被他稱為思考週。

會有這樣的思考週，是因為他有感於平日工作忙得不可開交，每天都有一大堆事情等著他處理，根本沒有多餘的時間針對許多問題進行深思。唯有讓自己跳脫當下的忙碌，進入一個

寂靜且獨處的空間中,他才能從忙碌中短暫抽離。

我們或許不像比爾‧蓋茲這麼忙,也不像他滿懷理想想要改變世界,但我們一樣很容易被生活推著走,而忘了什麼對自己才是最重要的。

在知識工作領域中,我們需要經常打磨與淬鍊自己過去這些時間的經驗,然後產生新的觀點或更有效的工作方法。

曾有一次,我跟一個講師朋友聊天,他提到現在每個月要講 18～20 天的課,換算下來每個星期大概是四～五天課程,講完一整週的課程,週末他就只想休息。但他又想到,自己之前在公司上班時還會用下班時間看書,用週末時間上課;當講師後,這些學習反而都消失了,他覺得自己不該是這個樣子的。如果不學習,怎麼能講出新東西,又要怎麼與時俱進呢?

我先跟他分享餘裕的概念,我覺得他當前的狀況是財務上很有餘裕,但時間、心理與注意力上缺乏餘裕。如果他願意少賺一點,每一季給自己保留兩週的自由時間,讓自己能學習新東西,並將所學與當前講授的課程結合,那他就能在一次又一次的休耕後成為更棒的自己。

另一個雷同的概念則是空檔年(Gap year),放下手邊的工作,花一年的時間去國外旅行、打工度假,或者做那些因為生活忙碌而一直沒機會做的事。**休耕的目的不是為了無所事事,而是為下一次的耕作而準備。**

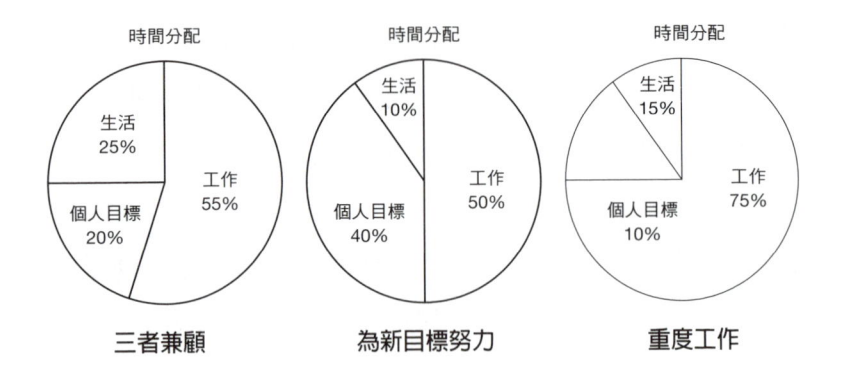

```
時間分配              時間分配              時間分配
 生活                  生活                  生活
 25%                  10%                  15%
個人目標  工作       個人目標  工作       個人目標  工作
 20%    55%         40%     50%          10%    75%

   三者兼顧            為新目標努力           重度工作
```

　　在此跟大家分享一個評估自己當下狀況的工具，這工具叫時間帳戶，也就是將你所做的事情做好分類，歸到不同的帳戶中。在忙碌時，工作所占用的時間一般會超過可用時間的70%，剩下的30%才分配給生活與個人想做的事情。而在休耕期，我會將時間盡可能保留給生活與個人想做的事，只保留一部分跟工作有關的時間。藉由這樣的調整，讓自己有更多的時間去面對真正的要事。

　　如果你有 Gap year 的經驗，你該知道在那一年，重點並不是換個地方工作，而是換個心態生活。在台灣，你可能是個工程師，沒日沒夜地加班；去到紐西蘭，你可能成為一個農場的員工，幫忙種植草莓、澆水、施肥、採收。

　　從職業發展的角度來看，這一年的經驗對你的資歷不會有什麼加分，但若從自我啟發的角度來看這件事，你可能會發現**忙碌工作所獲得的是財務報酬，以及可預見的職涯發展；而農**

場的工作則讓自己體會到什麼叫恬靜、自得的生活。兩者各有各的價值。這兩者並非不能並存，所以你也不需要在兩者中作出選擇，而是讓自己知道生活有另一種可能性，這可能會影響你往後人生的重要決策。

以前在帶領團隊時，我也會配置休耕期，讓大家在忙碌了兩三個月後，有大約兩週的時間調整工作節奏，想休假的人去安心休假，其他人則趁著這段時間改改技術債，或者做些比較沒有時間壓力的任務。透過這樣的調節，團隊不僅能稍做休息，也能有時間處理那些堆積下來的問題，再次找回工作的動力。

我的休耕期這樣過

2023 年的 3 月份與 2024 年的 6 月份，我進入了有史以來最長的兩段休耕期，這兩段休耕期我獲得的收穫截然不同。

2023 年 3 月休耕期

這次休耕期啟動的原因，一部分原因與身體健康狀況有關，另一部分則是我過往三年花了太多時間在輸出與學院的營運上。

這三年我輸入與輸出的量不成比例，我理想的狀態是 10:1，也就是輸入 10 倍於輸出。但這三年的狀況可能是 3:1，大量輸出對我來說是一種吃老本的行為。或許很多內容大家是

第一次看到,但對我來說那都是我早就懂的東西,而不是透過學習新知後重新整理出來的內容。對我來說,過程中沒有什麼學習。

這次的休耕期,我休息了三個月左右,讓自己在 2023 年 3 月～ 2023 年 5 月期間,拿掉手邊多數的工作,剩下的時間安排則有幾個基本原則:

- 中止那些有明確 deadline 的任務。
- 停止承接新的工作任務。
- 婉拒工作上的各種邀約。
- 大量閱讀,重建知識體系。
- 天天運動。
- 經常寫作。

先讓自己擺脫例行事務,強迫自己停下對原先事務的關注,讓自己的注意力不再被那些事情牽著走。在休耕期前,我告知學院團隊會在 2 月底前完成 90% 的內容產製,剩下的部分我會陸續提供,但步調跟數量都會拉緩一些。此外,學院的營運工作我也在上一年度第四季時完整地交接給現在的團隊,他們已經能處理 99% 的任務。

除此之外,也要回絕任何會占用自己時間與注意力的事

項，所以關於各種合作邀約、專欄邀稿、書籍推薦、演講等邀請，我暫時也都拒絕。甚至連一些社交邀請，若我評估後是商務意義大於私人意義，也一概回絕，以免自己將好不容易空出來的時間，很快地塞滿其它不重要的事項。

先找回時間餘裕，才有時間靜下心來思考。沒有時間壓力，不用倉促做出決定。

這次的休耕結束後，我沒有回歸學院團隊，主因是我想再次充實自己的人生閱歷，於是選擇加入一家興櫃公司擔任公司的營運長。

2024 年 6 月休耕期

這次的休耕期觸發的原因很特別，過去幾年，學院創業走過這幾年，又到其他公司任職，期間學到了許多寶貴的經驗與教訓。我再次思考五年後的自己會是什麼樣子，這一次，我能看到的樣貌相對模糊，這意味著我對於自己往下要做的事並不是那麼肯定。加上忙碌，身體又出了一些小毛病，身體的餘裕下降，我必須重視。

這一次的休耕我沒有設定結束時間，也沒有計畫。我陪著孩子放暑假，每天起床沒有既定行程，也回絕了任何人的邀約，不論線上或實體。我只做真正感興趣的事，並從中再次探索人生的熱情。我開始研究生成式 AI，研究學習跟教育，甚

至更多方了解一些以前沒時間深入理解的社會議題,重新思考人生走到當下的各種收穫。

一段時間後,我對一些事情有了些想法,但這次我並不著急,我想看看這些事情過了一個月後,是否還讓我充滿興致。我希望往後做的每一件事,都是最有趣的,而非「還可以」的選項。

這次休耕,有很多本來覺得想做的事,在放了一陣子後又被我排除,因為它只是有趣,但不見得是我長期熱情之所在。就這樣,過了將近半年的探索、篩選、再思考,我除了找出人生這個階段的方向外,也找出一個能同時兼顧身體健康、家庭與人生熱情的生活方式。

休耕不是為了休息,而是為了讓自己找回時間的餘裕,在沒有外在壓力的狀況下,淨空自己的思緒重新思考。

當你覺得自己沒有時間,你可能需要一段休耕期;當你覺得工作表現大不如前,你可能需要一段休耕期;當你覺得每天的生活都被推著跑,你也需要一段休耕期。

不用害怕休息一段時間會怎麼樣,你擔心的事不會因為休耕一個月就出大狀況。勇敢一點,嘗試休耕一次吧。

Lesson 27 練習 畫出我的時間帳戶分配圖

請在下方圓形圖中畫出自己的時間分配圓餅圖，分成生活、工作與個人目標三大類。

本堂課的收穫

Lesson 28
學習重啓新局，果斷放下才能重新開始

2007 年，是我出社會的第二年，那一年我從台北調回台中，並開始擔任團隊的小主管，負責一個問題很多的產品。那時我每天的工作除了開發產品外，還要處理很多客戶端的棘手問題，並且擔任團隊的專案經理，規劃與監控工作，還要代表部門去參與各種會議。白天開會、討論其他人的工作，晚上回家繼續寫程式、除錯、回郵件。

我的生活，應該是很多技術主管的寫照，因為我身邊有不少主管都是過著這種生活。雖然忙碌，卻覺得這可能是件正常的事情，不過三不五時還是會懷疑自己是不是太忙了點。

那時我忘了在哪本書中看到一段很有感的話，那段話的大意是這樣：「忙碌到沒日沒夜的生活才不是常態，只要你願意按下 Reset 鍵。」

就像玩遊戲一樣，按下 Reset 後，你就可以從頭開始。

那時看到這段話，我首先想到的是，我有可能 Reset 嗎？難不成是跟主管說我不幹小主管要回去寫程式嗎？不，那不是我的追求，我還滿喜歡現在的工作角色，只是工時真的有點長。

我接著思考，如果不放掉這個職務角色，那我可以怎麼 Reset 呢？我想到我雖然經常加班，但工作週期還是有波動的，最忙碌的時刻通常是產品要發新版前後兩個月，但過了那段時間後就會寬鬆一些，那就有點 Reset 的感覺。如果我能讓自己的工作有個明確的切換，那是不是就做到 Reset 了呢？

想到這邊，我就回過頭來思考，讓我白天只能忙別的，不得不用晚上趕工的原因是什麼？

我後來發現有幾個關鍵點：

- 我跟橫向部門的兩位主管關係不好，他們經常會丟包給我，讓我疲於奔命。
- 產品的問題太多，經常改 A 錯 B，很多時間都花在重工上，而主要的原因跟技術債有關，也跟團隊的成熟度有關。
- 團隊對我的依賴性太高，其他人沒辦法代表團隊去跟其他部門交涉，所以經常需要我去溝通，回來才交辦任務。

找出關鍵問題後，我接著思考怎麼解這個局。

針對愛丟包，關係不好的同事，我想要 Reset 彼此的關係，讓彼此的合作從頭來過。所以我直接找他們攤開來說，也讓他們知道我對這樣的合作關係感覺不舒服，我相信他們也是，然後告訴他們：「過去的就過去了，今天開始我們能更密切地合作嗎？如果之前有不愉快，我先跟你道歉，但我希望我們的關

係可以重新來過。」

把過去的不好丟在昨天，今天我們從頭來過，這就是我想好的 Reset。值得慶幸的是這兩位同事從一開始的驚訝，到後來的認同，畢竟他們也沒有惡意，只是中間許多誤會一直找不到修復的時機。我既然起頭了，也很有誠意，那就試試看吧。

針對產品問題多，技術債多的問題。我知道問題在哪邊，但產品開發的進度壓在那，問題也堆在那，要從哪邊找出時間來改技術債啊？

我的解決方法很粗暴，我盤點完改這些技術債需要的工時，然後看看我平日晚上跟週末的時間。我**把其他的私人行程都停掉，也把下班後的消遣先停掉，把時間全部投入在改技術債上，我預估只要投入三週左右的時間，應該就能搞定這些事，三週後我就能 Reset 成功了。**

就這樣，我度過了沒日沒夜沒假日的三週，在那之後，我感覺好多了。那些因技術債衍生的怪問題大量減少了，而改 A 錯 B 的狀況也減少了很多。我覺得自己終於回到比較正常的工作狀態。

為什麼我不選擇透過工作的重新安排來解決這個問題呢？第一個原因，是不現實，因為產品正在快速發展中，要停下進度來改，機率太低。第二個原因，太慢了。若要爭取資源或時間去改這些技術債，從爭取到可行，到最後問題真的解

決，大概也要幾個月的時間，這速度真的太慢了。

有了這次的經驗，我對於 Reset 這件事愈來愈得心應手，當我走到一些人生窘局中，我不會讓自己僅在那邊不知所措，而是思考如何破局。如果破不了局，或者破這局的代價太大了，那不如 Reset，重啟新局。

過去十多年，我經常在陷入困境或窘局時重新思考，也有很多次重啟新局的經驗，而在每次決定清掉舊的這局，重開新局時，我會對自己進行以下三個提問來協助自己判斷。

現在的狀況繼續下去，會有好轉的一天嗎？

人生中最笨的事情之一，就是等待一個沒有轉機的機會。

在我離開待了九年半的公司前，我反覆地思考這個問題。「我留下來，會找到新的挑戰嗎？」

我曾經嘗試說服自己，這邊還有很多可以嘗試的東西，不過遺憾的是那些都不是我感興趣的事，而且在那之前，我已經等待了將近兩年的時間。我繼續待著，在當前的產業，公司文化之下，我努力能改變的有限，與其費勁改變，不如換個環境。

所以最後我決定離職，也回絕了同產業公司的邀約，而是進入到一個陌生的領域，開始我人生的第二份工作。

這次的重啟，讓我放下過去的榮譽，同時放下資歷給的債務，讓我有機會學習新東西，也讓自己不被第一份工作定型。

另一個案例，在我 2019 年準備創辦學院的時候。當時我手邊還有一個訂閱服務在做，也有幾個顧問案在手上，還有一些課程邀約得處理。在這種狀況下啟動學院根本就搞死自己。

我一開始覺得自己應該能同時搞定這些事，但學院開始宣傳兩週後，我就發現自己應該擺不平這所有的事，也無法想像這狀況經過一段時間後會好轉。

所以我決定重啟新局，而我的新局自然就是學院了。我跟幾家正在擔任顧問的公司協調提早結束合約，值得慶幸的是對方也沒有拿著合約為難我，我順利地解除了四家公司的顧問委任。而訂閱服務的部分，我跟學員們溝通，告訴他們我最後一堂課程會在幾月幾號結束，那之後就無法再陪大家學習了，但建議大家可以加入學院，這邊更棒。

至於已經承諾的課程或演講，我還是硬著頭皮撐完了，不過接下來的所有邀約我全部都回絕了。就這樣，讓我在一個月內 Reset 完成，進入到比較可控的狀態。

如果一件事，明顯地看不到轉機，這時果斷地放棄，或者果決地重啟新局或許是一個比較聰明的選擇。

如果有轉機，我能等到那一天嗎？

我的性格一直都是比較樂觀的，但這種樂觀，有時反而讓自己陷入「還有轉圜空間」的陷阱中。

面對第一個問題，我很少會出現「沒有轉機」的結論，多數狀況下我都會找到解決方法，讓自己可以轉個彎就好。但我後來發現，有很多次，我其實撐得很辛苦，如果提早放棄，或許我的人生會活得好過一些。

也是因為那幾次的經驗，讓我意識到**自己的樂觀，不見得總是件好事**。所以我開始找方法來抵抗自己的樂觀。當我通過第一道提問後，我就會再問第二個問題——如果等待會出現轉機，那我能等到那一天嗎？很多事都有轉機，但如果轉機發生所需的時間太長了，那我能等嗎？

我從 2021 年開始就意識到，身兼學院的內容生產者＋經營者的身分，對自己或者對學院來說都不是一件好事。但這兩個身分任何一個要從我身上挪出去難度都很高。即便我已經逐步在移轉，速度還是很慢很慢。

我本來也是覺得撐過去就好，內容產製總有結束的一天，那我就可以專注做經營者，又或者我將經營工作移轉給其他人，那我就能專注做內容了。這兩條路線基本上都是可行的，只要給我三年的時間，應該就能移轉成功了。

但在 2022 年的 6 月份左右，我開始覺得自己等不了那麼長的時間，必須加快步調。否則身兼兩種角色，工作量與壓力都太大了，這會讓我生活失衡。我要直接 Reset，重啟新局。

所以 2022 年 6 月開始，我將經營工作移交出去，然後開

始不參與各類型的會議,漸漸地連經營數據都不看了,專注做內容。同年的 11 月我動了一場手術,術後身體也不允許繼續從事高強度的工作。還好,我在 6 月份已經重啟了,否則面對 11 月的這場變故,對學院或我來說都將是難以承受的衝擊。

凡事肯定會有轉機,只是我們能等嗎?如果不能等,那趁著還有餘裕時,趁早重啟或許是比較好的選擇。

面對轉機,我能做些什麼嗎?

如果事情有轉機,那接著就要問:「我能做出努力來影響它嗎?」如果一件事是我無能為力的,那轉機也是寄託在他人身上,具有高度的不確定性。

總之,不要將希望寄託於無法掌握的事情上。

透過這三個提問,讓我在面對人生的各種困境與挑戰時,有了一些較為清楚的依歸。讓我知道何時該放下這局,重啟一局新的,也讓我知道何時該直接放棄掉整個賽局,重新找尋另一片天地。

重啟新局

如果你常態性加班,每個星期堆積的工作量太大,那可能是工作法出了問題。這問題可能源自於高估自己能耐,也可能是不懂得拒絕。總之,問題一直堆疊進來,就不可能會有時間

優化工作法。

　　幫自己切一個時間，從那個時間開始就全面使用新的工作法；而在那之前的任務，卯足全力把它搞定，讓這些工作不會在優化工作法的過程又跳出來煩你。

　　所以你可能會一週工作 80 小時，甚至會到 100 小時，但這樣做之後的兩週，你就有機會把工作調整回原先理想的步調上。

　　面對職場人際關係也是如此，有些時候跟某些人的關係長期都是不好的，閃來閃去，然後期待漸漸改善有時反而痛苦，因為根本沒有任何改善的契機點。

　　有時直接找對方談這件事，把不滿跟可能的誤解講一講，然後跟對方說：過去的不愉快確實存在，但現在我想從頭來過，再次建立信任。重新建立關係，好過曖昧不清、尷尬的相處。

　　人生中的諸多選擇也是如此，如果你不知道該如何決定，本篇的三道問題，或許可以給你一些解答。

Lesson 28 練習 盤點困境與轉機

我現在面臨的最大困境是？

_____

_____

_____

這件事會有轉機嗎？

_____

_____

_____

我能等到轉機出現的那天嗎？

_____

_____

_____

對於轉機，我能做些什麼？

_____

_____

_____

本堂課的收穫

Part 6

NURTURE

滋養自己，
回歸內心平靜

讓自己保有餘裕，心寬了，
許多事都變得更簡單了。

Lesson 29
保留五種餘裕，替未來做準備

　　這本書到現在，我們談論了許許多多關於如何讓自己更好，成為自己生命 CEO 的方法。但在我過往的經驗中，一位成功的 CEO 除了專業能力外，其心智能力更加重要。在往下幾堂課中，我們將一起來探討在人生路上，要如何直面自己的內心。

　　出社會的這十多年，我一直兢兢業業地在自己的工作崗位上。我投入在工作上的時間非常長，一開始一天 10 小時，後來提升到 12 小時，最尖峰的時刻甚至一天達 14～15 小時，這樣的投入，讓我在工作上斬獲不錯的成果，爬升的速度很快，也很受到老闆的器重。

　　不過這樣的我，卻選擇在 36 歲時卸下高階主管的身分，暫時離開職場。那時很多人問我原因，也問我下一步怎麼打算，但那時的我其實沒有想那麼多，只想休息一陣子再來思考。

窘迫與餘裕

做出選擇的前幾個月,我感到自己的生活異常地「窘迫」,我的經濟沒問題,身體也沒問題,那這種窘迫感到底是從何而來?我做了深刻的自我省察後發現,是因為我的生活失去「餘裕」。**我不再感到游刃有餘,也不認為能擁有隨時放縱自己的空間,甚至覺得自己很難在工作與家庭間持續保持平衡。**

所謂的「餘裕」代表的是有轉圜空間,也會有犯錯空間,更有不用付出 100% 精力就能兼顧好一切的能力。如果你只要付出 80% 的精力就能做好手邊所有的事,你就有 20% 的空間可以犯錯,可以浪費,甚至可以隨興一點做事。但如果一件事已經要你付出 100% 的精力才能做好,但你卻還有第二、第三件事得兼顧,你就會顯得窘迫,因為你毫無餘裕。

當時的我,在工作中需要投入 60% 的精力,以比例來說不算太高,但由於兩個小孩逐漸長大,我希望自己能有更多的時間陪她們長大,想要投入 40% 的精力在她們身上。於此同時,我也在思考自己的未來方向,我也希望能投入一部分精力去探索。但光是前兩件事就會吃掉 100% 的精力了,我根本沒有餘裕可以放在其他事情上。而我也心知肚明,就算只做兩件事,最終還是沒有餘裕,而且在精力耗盡的狀態下,我根本無法做好每件事。

而當我選擇辭掉工作,精力就獲得釋放,我除了可以陪小

孩長大,還多了很多的時間可以探索未來,以及浪費。

我開始有時間思考,有時間閱讀,有時間去玩一些忙碌時沒法玩的遊戲,也有更多時間花一個早上運動,還可以晚一點起床,晚上多花兩小時跟孩子們玩,這些都是因為我有餘裕的關係。有餘裕,你就有空間改變;有改變,未來才會不一樣。

缺乏餘裕,人就會掉入短線思考

你是否經常感覺自己不能有一刻放鬆,沒有任何犯錯空間,連給自己放個假都有罪惡感呢?如果你經常有這樣的感覺,代表很可能已處在缺乏餘裕的狀態。

如果一件事需要兩天的時間完成,而你剛好得在兩天後完成這件事,那你在時間上是毫無餘裕的;反之,如果目前還有五天的時間,你雖然會有壓力,但問題不大。寬裕的時間,就是時間上的餘裕。

團隊工作也是一樣的,如果團隊經常在加班,而且沒有休止的那天,那團隊就不會有機會跳脫現況,思考如何改善。因為所有的專案時程都沒有餘裕,我們只能被推著走,在這種狀況下,團隊自然也很難愈來愈好。

如果你一個月的總支出是 50,000 元,而你的月薪是 45,000 元,你可以透過其他兼差來賺取剩下的 5,000 元。這種狀況下,會覺得自己絕對不能失去現在的工作,也不能沒有兼

差,這種狀況下,你也會感到缺乏餘裕。但是當你的支出一直控制在 30,000 元,兼差所賺到的 5,000 元對你來說就不構成太大的問題,這是屬於財務上的餘裕。

當你處在毫無餘裕的狀態下,你做每個決定都會小心翼翼,不容一絲鬆懈。在不容有失的心理壓力下,人通常只能思考眼前的問題,而無心思考未來。這時就容易掉入短線思考的陷阱中。

太過忙碌的人,基本上不會有時間思考未來,也不可能將時間拿來學習,投資未來;財務太過窘迫的人,每個月都沒有剩餘的錢可動用,那也會不敢做出選擇,同時很難將錢拿去投資,讓自己未來愈來愈好。

長期缺乏餘裕的人,對未來經常是缺乏想像的。

五種你需要保留的餘裕

從前面的描述中,我們可以看到餘裕基本上是可以從很多角度切入的,像是時間、財務等等,而我個人經常會從幾個面向思考餘裕。

時間餘裕

我會將關鍵放在**可支配時間**,也就是我每週除了工作、睡覺、還有固定陪伴小孩的時間後,還剩下多少時間是**屬於自己**

的。這些時間我要拿來看書，打電動，或者社交都是可以自由使用的，這就是我的可支配時間。

多數時候，我會希望自己每週最少有一個整天的時間是可自由支配的，能滿足這樣的條件，我就會覺得自己在時間上是有餘裕的。

財務餘裕

我的關注點在於**可支配所得**，也就是我每個月扣除基本支出如各種貸款、生活費、小孩的教育經費後，還剩下多少錢是可以動用的。如果你的收入 80,000，但每個月的基本支出要 70,000，你的可支配所得就是 10,000，但若你的收入 60,000，但基本支出只要 30,000，你的可支配所得就比收入 80,000 但支出 70,000 的人更多，你反而比高收入的人更有財務餘裕。

我出社會到現在，月薪成長了很多倍，而我個人的固定支出其實成長不多，大多就是支付小孩的教育經費，也是因為如此，我的可支配所得成長速度非常快。日積月累下來，我的財務餘裕算是高的，比較不構成壓力。

對成年人來說，財務餘裕可以確保你在做出選擇時不嚴重影響生計，任何時刻，都要避免讓自己落入沒錢可用的狀態。

生理餘裕

我關注的是 **身體健康狀況**，如果健康檢查報告出現嚴重紅字，這代表生理上其實完全沒有餘裕了，如果你選擇撐下去，很容易導致不好的後果。

以我自己來說，我在 2022 年 7 月時爆發了急性蕁麻疹，這使我意識到可能是身體的免疫系統出狀況，趕快安排了健康檢查，於是發現腎臟長了一顆腫瘤。當年 11 月份安排手術切除，術後醫生說已無大礙，但我還是趕緊調整了自己的生活步調，大幅降低投入在工作中的時間。這是因為我很清楚，我必須為未來的自己多保留一些生理上的餘裕。

心理餘裕

我關注的是 **心理健康**，心理餘裕是個微妙的東西，因為它不像生理健康可以透過檢查就發現，而是得透過復盤過程來自我發掘。

如果經常覺得心事重重，面對每天的生活都感到疲憊，上班煩惱、下班一樣煩惱，總是覺得壓力很大，情緒無法放鬆，代表你多數時候是處於缺乏心理餘裕的狀態。以我自己來說，如果我假日無法自在地打電動三小時，通常代表有事情在煩惱；如果我對小孩的耐性變差，那也意味著心理缺乏餘裕。

心理餘裕很容易受前三者影響，找到心理缺乏餘裕的原因並對症下藥，通常會讓自己好很多。

注意力餘裕

我關注的是**我是否還有心思去關心其他人／事／物**。我是一個目標導向的人，也把要事優先視為圭臬，但我會刻意控制不要讓要事占滿所有空間，而是保留一些些餘裕給自己，讓自己可以去享受那些生活中的意外。

注意力餘裕不容易被量化，我自己會留意，當一些有趣的事情發生在身邊時，我還能不能燃起興趣，並配置一部分的時間在它身上。舉例來說，很多年前我老闆曾說，要觀察我的狀態，就看我在工作之餘是否還會做別的事。如果他觀察到我有繼續寫部落格，那通常代表還有餘裕，就不需要太擔心。

如果你想知道自己的現況，那你可以畫一張「餘裕雷達圖」，用 10 分做為每一種餘裕的負荷上限，然後自我評估一下目前的實際負荷大概是多少。（5 分以下代表具有充分餘裕，6～7 分代表已接近飽和，需要多加留意，8 分代表已接近臨界點，需要控制，9 分以上請當機立斷立刻調整。）

以我現在來說，我的各項數值可能是：

- 時間餘裕：8/10，代表近乎沒有餘裕。
- 財務餘裕：3/10，這部分我是很有餘裕的，基本上比較不

餘裕雷達圖

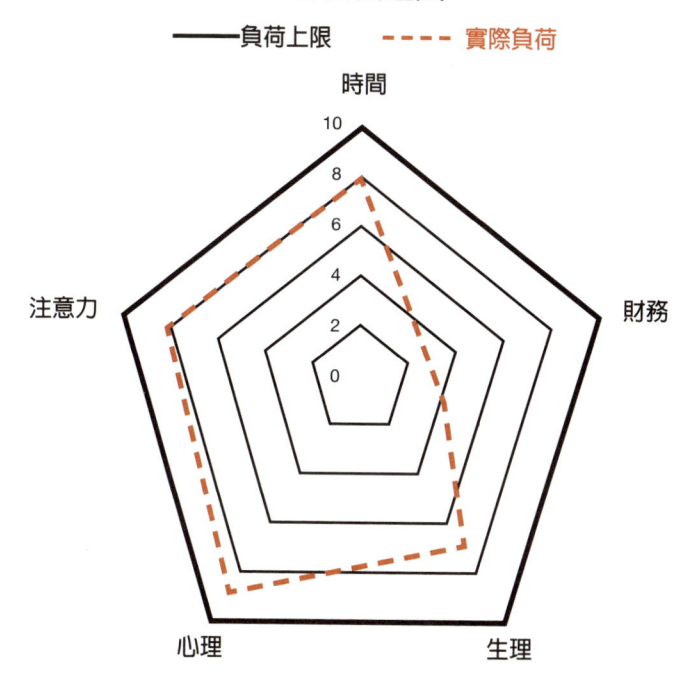

擔心。

- 生理餘裕：9/10，雖然醫生覺得問題不大，但我還是會比較審慎看待，也提醒自己，在這部分是幾乎沒有餘裕的。
- 心理餘裕：6/10，因為生病，也因為需要盡快協助團隊完成接班工作，所以還是會有壓力在，但我其實已經準備好多種應對方案，所以壓力也沒有那麼大。
- 注意力餘裕：5/10，因為工作上的調整，我還給自己設定

了要學些新東西的計畫,所以我在注意力上,餘裕算是豐沛的。

建議你也可以為自己盤點一下,當你習慣給自己保留餘裕,生活會過得更美好一些。

將餘裕保留給未來

接著,我想跟大家聊一個重要的觀念,那就是**在你有餘裕時,一定要堅定地投資未來。**

在商業思維學院內有個院長相談室,這是一個可以讓學員自由預約我的時間,並跟我聊聊的服務。在相談室中,我最常被問到的問題是關於「選擇」。

「A 工作薪水高,B 學習機會更多,我該怎麼選?」

我會說,如果你的財務沒有餘裕,那選 A;如果你財務上根本沒差那多出來的幾千塊,建議選 B。

「我現在是個行政專員,我想要轉換跑道,但又擔心轉不過去,怎麼辦?」

我會說,如果你未來有組家庭的打算,現在的你在財務上算是還過得去,但小孩出生後會怎麼辦呢?又或者你可以思考,現在不轉,五年後你再轉,財務上、心理上能過得去嗎?如果當前的財務還過得去,那現在做出改變其實是相對理想的。

在給建議時，我往往先確認對方是否有餘裕，**如果有餘裕，那一定先選對未來更有幫助的那個選項。**

最後再跟大家分享兩個我剛出社會時的經驗，也是一種善用餘裕的思考。

第一個故事，發生在我剛出社會的那一年。

我剛出社會時在新店一家軟體公司工作，起薪是 40,000 元。我租的房子是一間中和的頂樓加蓋套房，房間坪數約三坪大，一個月的租金加上水、電、網路費用約 6,500 元；我每個月需要支付就學貸款約 5,000 元，給家裡 5,000 元，每兩週去一趟台南找女朋友約花 6,000 元，保險 4,000 元多，三餐每月約 6,000 元，東扣西扣每個月剩不了多少錢了。

那時候想說要增加收入的話，靠公司調薪太慢，不如兼差比較快。正好有個碩士班同學問我有沒有興趣兼差，一問之下是遊樂園票券代購面交，他可以拿到比售價便宜 100～200 元的遊樂園票券，扣除他自己賺的部分，平均成交一張票券我可以拆到 30～60 元不等。

我唯一需要做的事就是跟購買者約好面交的時間跟地點，下班後在新店、中永和地區幫忙送這些票券，每個月大概可以增加 6,000～8,000 左右的收入。我就這樣做了兩個月左右。

因為我是國防役第二梯次，我是趁著入營訓練前先到公司去適應三個月，那時時間已經接近 10 月份，我就去營隊報到

了。三個月的訓練跟放空後,我在隔年 1 月再次回到公司,第一天就先到原本的部門報到。與我同時報到的還有三位同梯,當時的老闆說他只打算從我們四個裡面挑一個留下來,而我,雖然有前面三個月在職經驗,卻是第一個被淘汰的對象。

主管給我的評價是:「舒帆的程式能力到哪我很清楚,可能不適合我們部門。」

那個時候我感覺很羞愧,覺得自己遜爆了,離開主管的辦公室後我一個人想了很久,我在想我先前在公司的三個月到底在做什麼。

我想到第一週時,主管到我座位旁問我:「有什麼不懂的地方嗎?」,我問不出問題來。

我又想到隔沒多久,他又到我座位旁,看我在看 Java 的書,他拍拍我的肩跟我說:「程式得動手做才學得會,用看的沒有用的。」

一個月後,他將我從開發工作調去做測試工作,因為我沒法處理他交代給我的任務,他希望我改版某個舊工具,而我無法完成。差不多時間,他問我下班後都在幹嘛?有花時間在學習技術嗎?

回想那三個月,我懊悔得很,因為那三個月完全沒有任何的累積與進步,我問自己:「以後我還想面對這種很丟人的場景嗎?」

我真的不想。我能力不好,應該多花時間在學習上,而不是把下班的時間拿去賺外快。為了賺這些外快,卻讓自己喪失了長期競爭力,根本得不償失。所以接下來的半年,我每天在公司待到九點多,回家洗完澡約 10 點多,接下來的時間就是我寫程式的時間,每天大概都學習到凌晨三點左右。

那段時間為我之後的工作奠定了非常好的基礎,讓我知道努力學習必有回報,而且很多時候不是沒天分,而是沒有付出足夠的努力。如果認真,半年的時間足夠讓一個人脫胎換骨。

回顧那段時間,我為了每個月 6,000～8,000 元的收入而犧牲了自己最寶貴的學習時間。那些收入對我來說是壞利潤,因為它們剝奪了我的時間,讓我無法專心投入學習,為自己創造長期價值。那時雖然財務不寬裕,但還是有餘裕的,但我卻在有餘裕的狀況下選擇犧牲自己的成長,想想真是愚不可及。

第二個故事是發生在我跟我太太之間。出社會第二年,我太太(當時的女朋友)問我要不要出國玩,那時我跟她說:「要不要等存多一點錢後再去啊?」

她說:「現在去,你有體力做各種事,等你年紀大了,很多行程你就走不了了。你沒有缺那些錢,但年紀大了之後,你就沒有體力跟精神了。」

後來我被她說服了,我們每一年都會出國一兩次。出國旅遊的支出確實沒有讓我感到財務窘迫,我反而很喜歡這種出國

旅行的感覺。

我在財務上其實是有餘裕的,體力也有餘裕;但隨著我年紀漸長,儘管財務的餘裕會更顯著,但體力將開始失去餘裕。

上面兩件事是我最早開始對「餘裕」有體悟的時刻。後來的這些年,我經常使用這樣的概念在思考自己的重大決定。

Lesson 29 練習　盤點五種餘裕狀態

- 時間餘裕:＿＿＿＿/10,我的感覺是＿＿＿＿＿＿＿＿＿。
- 財務餘裕:＿＿＿＿/10,我的感覺是＿＿＿＿＿＿＿＿＿。
- 生理餘裕:＿＿＿＿/10,我的感覺是＿＿＿＿＿＿＿＿＿。
- 心理餘裕:＿＿＿＿/10,我的感覺是＿＿＿＿＿＿＿＿＿。
- 注意力餘裕:＿＿＿＿/10,我的感覺是＿＿＿＿＿＿＿＿。

本堂課的收穫

Lesson 30
內部歸因,專注於自己可控的事

在 2015 年,我剛空降到新公司,當時我花了一個星期的時間了解公司跟部門當下的狀況,也跟相關的利害關係人們聊過了一輪。

我跟團隊說,我們需要協助業務團隊解決他們的問題。我要專案經理去參加業務部門的週會,並且準備報告,以便和業務主管們同步狀況;我還跟團隊說,現在整個公司的研發流程或系統非常混亂,我要從你們之中調派人選去導入合適的工具跟建立流程,解決現在遭遇的問題。

專案經理告訴我:「這好像不是我們可以做的事?」

團隊成員也問我:「我們可以自己做這件事嗎?不需要公司更高層的主管決定嗎?這權責應該在高層。」

而我的回答是:「等待不會帶來好結果,過去你們已經等待夠久了,這些事都沒有發生過,所以要先思考我們可以做些什麼來改變現況。」

我可以選擇等待事情發生,有時可能會等到撥雲見日的那一天,但更多的時候,等到的可能是失望,然後繼續過著滿是

挫折的生活。

在我四十多年的人生中，其實已經很習慣聽到這種「這不是我們的責任」或「這是誰的問題」的說法。我相信很多時候真的是別人有問題，但是**當別人的問題造成自己的問題時，你還要把這件事當成別人的問題嗎？**

在我 27 歲那年，在跟公司老闆的交談中，老闆提到一個影響我很深的觀念。

「有些人是外部歸因，只要有問題時永遠都是檢討別人，覺得公司有錯、主管有錯、同事有錯。但真正能做好事的人往往是**內部歸因，他們從自己身上找答案，在困難中思考自己可以做些什麼來改變現況。**」

內部歸因，那是我第一次聽見這個詞，那時我才知道我習慣性的思維可以用這個詞來代表。當我遭遇問題時，我很習慣想想自己可以怎麼做，而不是想著環境應該如何改變來遷就我，而這些行動包含自己可以如何去影響他人，讓事情往自己希望的方向推進。

專注於自己能做的事

年輕時在公司，有時總會碰到一些難以處理的問題，例如高層的決策、跨部門溝通、產品的重大錯誤、團隊內部的衝突等等。在我焦慮的時候，我的主管總會問我：「那我們可以做

些什麼？」

他不會去抱怨高層，也很少去說別人應該怎樣怎樣，他的重點永遠放在「我們可以做些什麼」。

當你從「別人該怎麼樣才對」轉變成「我們可以做些什麼」，你會發現主動權在自己手上，你也會更有力量。

在跨部門溝通時碰到情緒化的同事，當下情緒自然會受到影響，也會不爽，甚至會回嗆回去。我覺得他的行為不對，但我不會期待他立即產生改變，按著我期待的樣子來溝通。畢竟這種性格跟著他幾十年，是不太可能因為我而改變的。

那我可以做些什麼？ 我可以尋求對方的主管協助，由主管代為溝通，或者請主管換一個溝通窗口，並直接表示這位同事的情緒化嚴重影響到其他人，強烈要求換人。

我可以在專案前讓大家在正式場合中畫押，並讓高階主管知道彼此的分工，所以下次再發生問題，你還要大小聲，那我就直接讓事情曝光到高層。

我還可以爭取更高的權限，要求在這次績效考核當中，我要為所有參與專案的人評比，並且這次評比會在考核中占一定比例。讓對方知道亂搞、亂發脾氣對他沒好處，逼他就範。

處理的方式有溫和的，也有激進的，其實解決方法很多，就看你用不用了。

在景氣不佳的時刻，找工作的難度可能會變高，很多公司

會傾向選擇挑選即戰力員工,對轉換跑道或新鮮人找工作自然比較不利。你是等待景氣好轉的那天,還是抱怨公司只想用即戰力呢?當然都不是,你應該想想要做些什麼才能找到工作。

以前投遞 10 家,就會有四家邀約,然後錄取兩家;現在你可能要投遞 50 家,才會有 10 家邀約,然後一樣錄取兩家。難度是提高了,但還是有方法。而且除了投遞履歷外,你還要思考如何透過朋友的推薦來增加機會,或者運用其他方式來曝光自己的履歷,看能否遇到有緣分的公司。

你說自己沒什麼朋友可以幫忙推薦,那可以做些什麼呢?

你說自己沒有地方可以曝光履歷,那可以做些什麼呢?

我們得意識到自己所遭遇的問題,不會有人幫忙解決,只有做些什麼,才能改變現狀。

內部歸因是解決問題意識的第一步,很多人不是沒有解決問題的能力,而是缺乏意願。就像我在學院內經常提到的「上游思維」,我說幫你的上游解決問題,就是幫自己解決問題,但很多人會卡住,因為他們認為上游的問題他應該要自己解決,而不是我來幫他解決。所以他們情願在原地打轉,繼續承受傷害,也不願伸出援手去幫助他人。

伸出援手不意味著對方就沒有責任,也不意味著以後你就要繼續如此,你必須讓對方知道他的責任,也讓他知道解決問題的方法,並要求他下次自己做好。我過往無數次協助上游解

決問題,但除非我有意識要接手那個工作,否則我都能順利地將工作移轉回該負責的人身上。

內部歸因不是告訴你問題在自己身上,而是讓你知道解決問題的鑰匙在自己身上。

解決問題,讓自己愈來愈強大

工作中,很多人之所以感覺工作不順、做起事來不愉快,絕大多數都跟人或組織文化有關。有些人會選擇離職,有些人則會學著跟不同的人相處,還有些人選擇逆來順受。不管哪個選項都是可以考慮的,但我會建議大家總是往「解決問題」的角度思考。

會在工作中碰到什麼樣的人,很難說,畢竟幾十年的工作中,我們總會碰到形形色色的人,工作中也會碰到各種不合理的狀況,這當中肯定有運氣的成分。但我們也可以想想,那些在工作中順遂發展的人,難道運氣一直都這麼好嗎?

或許從我的經驗分享中你就能看見,我有幸運的地方,但也有很多的挑戰跟挫折,而我的態度一直都是面對這個問題,並嘗試解決它。

在我能力不足以改變大局時,我會學習適應,並從中找到能影響大局的方法。所以在我剛換工作時,我的話語權並不大,我採取的方式就是先從自己部門做起,建立一部分戰功,

再逐步擴大影響力。然後去改革那些我認為不夠好的地方。

而在我有能力影響大局時，我會用來建立制度與規範，讓相同的問題不再發生，讓後人可以在相對正確的路徑上展開他們的工作。

我讓自己有能力跟各種不同的人溝通，可以跟不同價值觀的人共事，也讓自己在制度健全的公司中展現價值，在制度混亂的環境中建立制度。這些經歷，帶來了很多問題與挑戰，同時也帶來了很多的學習機會。

當你習慣內部歸因，你就會有問題意識，有問題意識，才會想要積極學習與解決問題，而一個人之所以強大，大多是因為他解決了足夠多生活中所遭遇到的問題使然。

成為 CEO 這條路上，會遭遇許多挑戰，只要願意花時間思考自己能做些什麼，並且採取行動，多數問題都能被解決。

Lesson 30 練習 寫下我現在該做的「可控制的事」

我現在想改變的有哪些問題？

___

要改變這些問題，我該做什麼事？

___

本堂課的收穫

Lesson 31
被討厭的勇氣,不再當好人委屈自己

日本哲學家岸見一郎在 2014 年出版了《被討厭的勇氣》這本書,書中引用奧地利心理學家阿德勒(Alfred Adler)的心理學理論。這本書值得探討的觀念很多,而當中的核心觀念當然就是「不用害怕被討厭」。大多數人或許不見得想成為一個非常受人歡迎的人,但往往會避免惹人厭惡,因為我們的內心,還是期盼自己在他人眼中是個好人。

2009 年的時候,有一次我在跟老闆聊天,聊到我做了一個決策,結果引起業務部門的不滿,但這件事我覺得是我應該做的,也不覺得自己有做錯。老闆沒有正面回答我這個問題,但他跟我說:**「如果你做一個重大的決定後,人人都叫好,那你大概沒做對決定。」**

重大的決定,通常意味著選邊站。被你選中的那邊會叫好,而被你捨棄的那邊則會喊打,這才是正常的狀況。

他接著說:**「不用想著討好所有的人,面面俱到可能是錯的。」**

面面俱到的人,害怕的是得罪別人,害怕讓別人不開心,

害怕被別人討厭，**所有的決定都是為了滿足所有的人**，這樣的人，基本上難擔大任。因為當個好人的這個念頭，會擺放在其他念頭之前。

當你接受被討厭，願意做出正確，但不討人喜歡的決定時，你就擁有被討厭的勇氣。但我們也不用成為一個惹人厭的混蛋，所以我們還是要拿捏清楚，哪些時候應該與人為善，哪些時候即便會討人厭，也該勇敢站出來。

關於這個問題，就我過去的經驗，我認為有五個重要時刻，你在做決定時，你得有點討人厭。

當你需要承擔責任時

第一個時刻，當你需要承擔責任時。

例如擔任主管，當部門工作出包了，你得讓團隊擔負起責任，你得讓大家知道問題的嚴重性，有時甚至得要求大家加班把問題解決；當團隊紀律太差，經常有人遲到或早退，但是現階段的部門任務又需要大家更密切地合作，不能有太多的不確定性。你得要求所有人準時上下班，讓大家的工作節奏可以調整成一致。這類決定不討喜，但對團隊卻是必要的。

很多人肩上扛著責任，卻不敢做出討人厭的決定，最終他**要不搞砸了事情，要不就是搞砸了自己**。

當你必須做出重大選擇時

第二個時刻,當你必須做出重大選擇時。

在我第一次換工作時,公司內很多前輩跟同事都來勸我不要離開,都為我的決定感到惋惜,何況公司還有好幾個我很喜歡的 Mentor 在,我的決定可能會讓他們感到失望。不過同時,也有一些朋友很支持我的決定,包含我的家人們,他們認為我對公司仁至義盡了,應該去追尋自己的另一片天。

職涯轉換對我來說就是一個重大選擇,我選擇離開,也意味著我跟很多前同事關係可能不再,跟幾位 Mentor 的關係雖然不至於斷掉,但肯定也不如從前緊密。後來我選擇離開,但我也花時間好好跟這些對我很好的前輩與 Mentor 說明及道別。

另一個案例,是在近兩年的事。這兩年我大多數的時間都在家工作,而我也盡可能將自己很多的外務推掉,包含不接演講與課程,外部合作的各種邀約我也很少出現,甚至別人約在台北碰面我也全都推掉了。因為我已經決定要花更多時間陪小孩長大,必須把時間空下來才行。

有人說我不像一個創業家該有的樣子,沒有野心;有人說我沒有全勤投入到工作中,對不起股東跟員工。

而這些人當中,其實有部分就是在我做出決定之後,受到影響的人。他們覺得我應該跟他合作,應該參考他的意見,應該出席他的邀約。但我的決定讓他們失望了。

我做出了選擇，一定有一些人會開心（我的孩子、家人），一定也會有些人不開心，**如果我想面面俱到，只會忙死自己。**

當你面對嚴重的價值觀衝突時

第三種時刻，當你碰到嚴重的價值觀衝突時。

還記得有一次，我參加一場活動，活動中我跟幾位業內知名人士在一塊聊天，其中一位是公司的創辦人，他在分享自己的管理哲學。他說「管理員工就是要讓他恐懼」、「我付錢給他，他就要聽我的」、「我要他們假日來加班，這些員工都不敢吭聲」。他說得煞有其事，但我實在聽不下去，因為這跟我的價值觀天差地別，我特別討厭不把人當人，還自以為是的人。

我說：「抱歉，我不認同這樣的做法，我要離開了。」在我說出這句話的同時，有兩位朋友也跟我一塊離開了，因為我說出了他們的心裡話。他們只是不像我這麼直接。

另一次的案例，是在我經理人生涯中遭遇到的。有一次，公司的老闆沒來由地要開除我團隊的某位成員，根據過往其他人的經驗，老闆如果下達了這樣的指令，那最後的結果只有一種，那就是按指令做。過往碰過類似狀況的主管們，無一例外都是這麼幹的。

但我不行，我沒辦法在一個人沒有犯下重大錯誤的狀況下，沒來由地請人離開；加上後來我花了一些時間，大致掌握

了老闆要開除這個人的原因,但那個原因基本不構成開除員工的理由。所以我沒有執行老闆的指令,我讓這個人繼續留下來,但我用其他的說法讓老闆無法再追究這件事。

我知道,我這個做法在老闆眼裡已經埋下隱憂,他肯定覺得我不好駕馭,覺得我不聽話,他肯定有點討厭我了。但我必須對得起自己,**如果討人厭是我要付出的代價,那我欣然接受。**

當你討厭自己時

第四種時刻,當你討厭自己時。

有個朋友曾來找我聊,他問我:「怎麼樣讓自己勇敢一點?」我稍微了解過他的狀況,他雖然在工作上是部門主管,但因為性格的關係,經常會被其他部門的資深員工欺負。其他人會因為他好說話,總把工作丟給他,也經常讓他揹黑鍋。

他覺得自己不夠勇敢,不敢直接面對那些來自他人的不公平對待。所以才會問我有沒有「勇敢藥」。

聊了一會,我問他:「直接拒絕,或者指證他們的瞎扯,你會有什麼障礙?」

他說擔心撕破臉,以後不好共事。我跟他說:「別人可不在意這些事,就你在意而已。然後你還因為這件事產生了自我懷疑,甚至討厭自己的軟弱。你其實只是不想被討厭,所以才委屈自己接受這些。」

他聽完後若有所思地點點頭，還這樣喃喃自語：「我委屈了自己，還讓自己討厭自己。」

如果你討厭自己，很可能是因為你本該讓別人討厭你，但你沒這麼做，最終就是自己消化這一切。

當你忙不過來時

第五種時刻，當你感覺忙不過來時。

忙不過來，通常是因為不忍拒絕，包含不忍拒絕工作上的請託，別人的幫忙，朋友的邀約，或者是很多有趣，但現階段排不出時間的事情。

我過往曾有一任主管，很喜歡用下班或週末的時候發郵件給我，然後問我有沒有收到，問我何時可以給他資料；或者喜歡在週一的時候找我討論信件上的內容，理所當然認為我應該要有所準備。剛開始，我確實用了很多下班跟週末的時間處理這些工作，但我的專案管理專業告訴我事情不該是這樣的，我應該要回過頭來要求對方停止這樣的行為，除非他真的沒辦法。所以我找了一個下午敲了主管的門，跟他聊這個話題。

我跟他說：「我很願意協助你解決各種問題，但晚上跟週末我也需要休息，如果可以的話，看能不能把資料提早給我，這樣我能提早給你，也不會忙到沒日沒夜。」

對方說：「好的，不過上面的老闆經常臨時交辦任務給我，

我也沒辦法。」

我弱弱地說：「那看能不能盡量。」我內心還是希望能當一個好人。

這次溝通後事情並沒有改變，對方還是繼續原先的行為，只是他在每次這麼做時會多一兩句話解釋原因，而多數原因都是其他主管急著要。我那虛弱無力的抗議顯然是無效的。

後來我決定不看信件，而當他問我時，我也直接跟他說我晚上跟週末都有私人行程，沒幫上忙，抱歉。主管當然知道是怎麼一回事，但我也不理會他怎麼想了，畢竟我該做的工作都有做好，而且他確實仍需要仰賴我的專業來搞定很多事，他也不好多說些什麼。

他知道以前的那一套已經不管用後，開始調整跟我的配合模式，任務提早跟我討論，交辦也都提前跟我確認，就算是週末非得發信給我，也預設週末我不會看，有事週一再跟我聊。

當然了，如果真的是大事件，他還是會打電話給我，這時我就會抽空處理，但他也很清楚不能逾越的底線在哪，我們之間就有一個基本的默契，不是重要的事不要占用週末時間，重要的事，就打電話給我，我會處理。

做正確的決定，即便會討人厭，在你成為自己生命的 CEO 的這條路上，**你會遭遇無數次抉擇，請務必記得什麼才是自己真正想要的。**

Lesson 31 練習 反思我的「該被討厭的重要時刻」

本堂課的收穫

Lesson 32
寫一封信給一年後的自己

在 Lesson 1 時，我們寫了一封信給一年後的自己，而在那個時刻，你尚未經過前面提到的 30 個思考。那時的你或許會有很多期盼，但不知道哪個才是自己真正重視的；也或許感到茫然，不知道自己該選擇什麼方向；更可能感到匱乏，不知道自己其實擁有很多可動用的資產與可運用的方法。

改變過去的思維習慣經常是困難的，因為人的思維習慣經常受到三個不同層面的因素影響。

情緒，如果你容易受到一些外在因素而有難以抑制的情緒，你在做決定時，很容易就順著情緒走。舉例來說，你特別在意他人對自己的評價，當看到非正面評價時，就會著急，就會想要證明自己不是那樣，想要反駁別人的論點。這時你做的事，其實是順著情緒而發生，不見得是最適合自己的方式。

經驗，這輩子活到現在，不論是十多年或者五十多年，我們總有非常多的人生經驗可供參考。經驗可以讓我們輕易解決已知問題，但有時經驗也會成為自我的包袱。因為每個人的經驗都是有限的，但世界的可能性則是無窮的，人很容易依循過

往經驗做決定,因為那通常是低風險的。但如果不跳脫過去經驗,新的可能性就不會發生。我們人生只能一直重複,而沒有機會變得更好。

信仰,這就是所謂的核心價值觀,有些事不會有標準答案,甚至不見得是利益最大的。但因為「我相信」,所以我去做;因為符合我的信仰,所以我心安理得。舉個例子來說,在工作中,我認為員工的發展很重要,所以跟員工討論職涯發展時,我不會只局限在公司內,而是會幫他想想外部的機會。因為這是我的信仰,信仰驅使我做出晚上睡得著覺的決定。

思維習慣,形塑了我們的人生,如果你想要有所改變,並希望能更好的主導自己的人生,成為自己生命中的 CEO,那你得試著改變自己的思維習慣,用更穩定的情緒面對生活。嘗試新的事物重建人生經驗,堅定自己的信仰,並從中找到人生的方向。

學到的東西,有(運)用就有用,沒用就沒用,邀請你能跟我一起實踐這本書的各種觀念,跳脫過往人生的框架,迎接嶄新的自己。

此時此刻,請回顧本書每一堂課後的實作與反思,並讓自己沉澱一下,然後再次動筆寫封信給一年後的自己。

Lesson 32 練習 再次寫封信給一年後的自己

To：一年後的_____

_____
_____
_____
_____
_____
_____
_____
_____
_____
_____
_____
_____
_____
_____
_____

From：____年____月____日的_____

本堂課的收穫

> 後記

讓經營自己成為一種習慣

人生,是一段漫長的旅程,我們這代人,平均年齡可能會到 90 歲,甚至在不久的將來,會達到 100 歲。我身邊有許多已屆退休的長輩,仍在積極尋找人生能做與想做的事,他們年紀雖長,但仍活在當下,且方向感與意義感。

這本書,可以協助你一次又一次地梳理自己的想法,但我會建議你從中找到更適合你的方法,你可以試著改掉我的觀點,也可以任意調整順序,更可以全然棄用我所告訴你的所有內容。因為你得開始擁有自己的想法,才能真正活出自己想要的樣子,成為自己人生的 CEO。

在人生的每個段落,我們會面對不同的課題,也會有不同的定位與追求。但人生並不是靠想出來的,而是活出來的。希望大家能妥善運用本書所談到的各種觀念與工具,善用 VISION 六種探索,創造人生的 Vision。

Value	解碼自己,找尋人生價值,了解自己與探索人生方向。
Invest	自我栽培,釋放潛力,資源與機會遠比想像中更多。
Shape	定位自己,打造產品,聚焦市場,找到自己最適合的位置。
Impact	向世界呼喊,擴大影響力,擴大你的影響力,讓更多機會找上門。
Outlook	迎向未來,長線思考。
Nurture	滋養自己,回歸內心平靜。

相信人生可以被改變,只要你願意好好地經營它,做自己生命的 CEO,用商業思維經營你的人生。

金頭腦
用商業思維優化你的人生選擇
拆解人生關鍵變數,掌控財務、工作、人際與個人職場定位,活出自我版本的人生

2025年6月初版　　　　　　　　　　　　　　　定價:新臺幣450元
有著作權・翻印必究
Printed in Taiwan.

著　　　者	游 舒 帆
叢書主編	林 映 華
副總編輯	陳 永 芬
校　　對	蔡 佳 珉
內文排版	綠 貝 殼
封面設計	萬 勝 安

出　版　者	聯經出版事業股份有限公司	編務總監　陳　逸　華
地　　　址	新北市汐止區大同路一段369號1樓	副總經理　王　聰　威
叢書主編電話	(02)86925588轉5306	總　經　理　陳　芝　宇
台北聯經書房	台北市新生南路三段94號	社　　長　羅　國　俊
電　　　話	(02)23620308	發　行　人　林　載　爵
郵政劃撥帳戶第0100559-3號		
郵　撥　電　話	(02)23620308	
印　刷　者	文聯彩色製版印刷有限公司	
總　經　銷	聯合發行股份有限公司	
發　行　所	新北市新店區寶橋路235巷6弄6號2樓	
電　　　話	(02)29178022	

行政院新聞局出版事業登記證局版臺業字第0130號

本書如有缺頁,破損,倒裝請寄回台北聯經書房更換。　ISBN 978-957-08-7702-1 (平裝)
聯經網址:www.linkingbooks.com.tw
電子信箱:linking@udngroup.com

國家圖書館出版品預行編目資料

用商業思維優化你的人生選擇：拆解人生關鍵變數，掌控財務、工作、人際與個人職場定位，活出自我版本的人生/游舒帆著．初版．新北市．聯經．2025年6月．320面＋40面別冊．14.8×21公分（金頭腦）
ISBN　978-957-08-7702-1（平裝）

1.CST：職場成功法　2.CST：企業經營法　3.CST：商業管理

494.35　　　　　　　　　　　　　　　　　　　　114006302

用商業思維
優化你的
人生選擇

優化人生練習冊

練習冊使用說明

請參考本書的 32 堂課程內容，
跟著內文說明來進行練習，
反思自己現有的條件，掌握未來的機會。
所有表格都可以自行新增或列印使用。

VALUE
解碼自己，找尋意義感

六個練習，釐清自己的現狀，以及一年後期望成為怎樣的自己。

練習 1 寫封信給一年後的自己（內文 P.022）

請大家想想，如果你有機會跟一年後的自己對話，你會想跟他說些什麼？如果你可以問他一個問題，你會想問他什麼？

To：一年後的＿＿＿＿＿＿＿＿＿＿

From：＿＿ 年＿＿月＿＿日的＿＿＿＿＿＿＿

練習 2　檢視核心價值觀（內文 P.028）

任務一：你最重視什麼？

　　你的核心價值觀，決定了你人生的方向。

　　請撥出兩個小時的時間給自己，在一個安靜不受打擾的環境中，靜下心來思考自己在世界上安身立命，最重視的五個價值觀。請嘗試從以下的 40 個詞彙中挑選，或是自行新增。

　　為了篩選出最適合自己的 5 個核心價值，你可以嘗試做幾輪篩選，先選出一些自己認為特別重要的項目，再逐漸篩選到剩下五個項目。

　　一個自我提問的技巧是「相較於○○○，我覺得×××更重要，原因是當兩者衝突，而且只能二選一時，我會傾向選擇×××。」你生活中的種種決策，可能都是以這五項做為最高依歸。

獲得成就	被認同	分享	好奇	自我節制
利他	受尊重	自由	積極	群體
快樂	愛與關懷	選擇	公平	富足
有意義的工作	競爭力	獨立自主	和諧	安全感
誠信	創意	智慧	家庭優先	被重視
平衡	改變	信任	正義	專業
影響力	穩定	關係	冒險	禮貌
負責	連結	正直	果決	權力

接著,請寫下你重視這五件事的原因。

任務二：給自己的 10 個人生大哉問

Q1：我的人生使命是什麼？我想在這個世界裡扮演一個什麼樣的角色？

Q2：我的人生在追求什麼？

Q3：最能燃燒我熱情的事情是？

Q4：最讓我感到意志消沉的事情是？

Q5：我最常拿來跟別人介紹自己的故事是？

Q6：我對成功的定義是？

Q7：我對失敗的定義是？

Q8：當生命只剩下 10 天，我會做什麼？

Q9：當生命只剩下 10 天，我會後悔沒做什麼？

Q10：我在回答上面這些問題時，是在寫給別人看還是給自己看？（如果最後結論是寫給別人看的，建議你重新思考過）

練習 3　現狀盤點（內文 P.038）

如果我們將生活拆解成工作、人際、健康、興趣、財務等五大面向，針對每個面向評分，每道題都是從 1 到 10 分的區間，1 分代表很糟糕，5 分代表沒什麼特別，8 分代表很不錯，10 分代表棒極了，請問你會給這五個面向各打幾分呢？

請你針對每個面向給予一個評分，接著請花一點時間寫下你給出這個分數的原因是什麼。

關於工作狀況

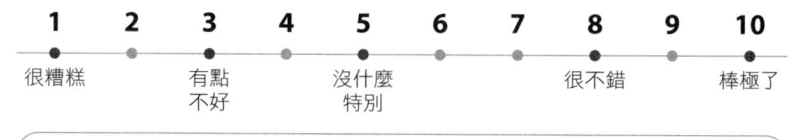

```
1    2    3    4    5    6    7    8    9    10
很糟糕      有點        沒什麼               很不錯        棒極了
            不好        特別
```

原因：

關於人際關係

```
1    2    3    4    5    6    7    8    9    10
很糟糕      有點        沒什麼               很不錯        棒極了
            不好        特別
```

原因：

關於健康狀況

1　2　3　4　5　6　7　8　9　10
很糟糕　　有點不好　　沒什麼特別　　　　很不錯　　棒極了

原因：

關於興趣

1　2　3　4　5　6　7　8　9　10
很糟糕　　有點不好　　沒什麼特別　　　　很不錯　　棒極了

原因：

關於財務狀況

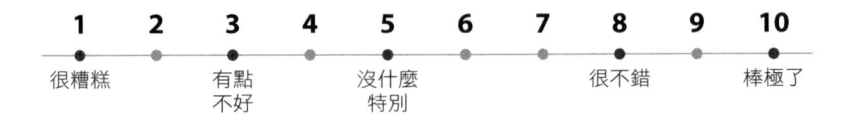

1　2　3　4　5　6　7　8　9　10
很糟糕　　有點不好　　沒什麼特別　　　　很不錯　　棒極了

原因：

綜合以上,關於目前生活狀況

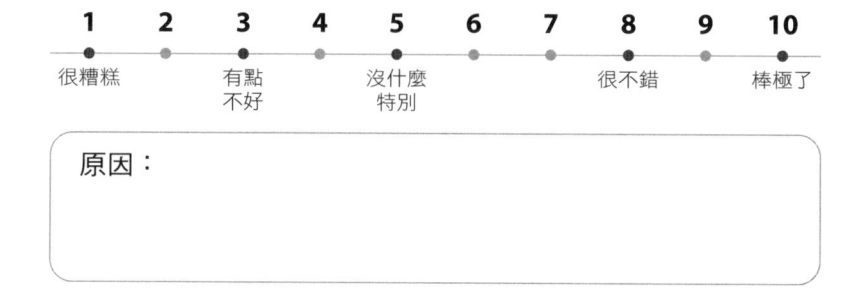

1	2	3	4	5	6	7	8	9	10
很糟糕		有點不好		沒什麼特別			很不錯		棒極了

原因:

練習 4　選定我的關鍵字（內文 P.044）

如果讓你挑選關鍵字,你會想用哪幾個關鍵字來代表你自己?這些關鍵字對你的意義是什麼?然後你又將採取哪些行動來強化這些關鍵字與自己的連結性呢?

以下我羅列了一部分關於性格或行為的正面關鍵字供你參考,但建議你可以思考一下,現在你可能連結了哪些關鍵字;一年後,你希望自己能連結哪些關鍵字。

勤奮	熱情	正直	穩重	積極
專注	誠懇	果決	謙遜	勇敢
體貼	冷靜	負責	自信	可靠
大方	謹慎	禮貌	堅持	善良
誠信	創意	智慧	顧家	客氣
平衡	改變	行動力	正義	氣勢

我現在連結的關鍵字：

一年後我希望連結的關鍵字：

這些關鍵字對我的意義是：

我會做什麼事來強化自己與關鍵字的連結：

練習 5　思考我的定位（內文 P.052）

　　角色是我們對一個身分的認知，定位則是我們打算如何去扮演這個角色。

　　你目前在工作上的角色是什麼？你又會如何定位你自己呢？同樣的概念，你也可以用在生活、家庭或其他地方，你可以按著下方的練習來思考自己的定位。

在工作上，我是一個＿＿＿＿＿＿＿＿＿＿

我認為我最重要的事是做好＿＿＿＿＿＿＿＿＿＿

在家庭上，我是一個＿＿＿＿＿＿＿＿＿＿

我認為我最重要的事是做好＿＿＿＿＿＿＿＿＿＿

在朋友圈中，我是一個＿＿＿＿＿＿＿＿＿＿

我認為我最重要的事是做好＿＿＿＿＿＿＿＿＿＿

練習 6　寫下我的價值主張（內文 P.059）

　　要比別人獲得更高的價值，我們得學會選戰場，把自己放在一個相對優勢的行業中，提供較少人能提供的服務，擁有比其他人更能把這件事情做好的能力或資源，並且能解決目標對象所在意的關鍵問題。

找到關鍵客戶在意的事,創造價值,獲得對等的財務報酬或其他價格的回報,是工作中重要的商業思維。

我的主要客戶是

他的關鍵需求是

我能創造的關鍵價值是

為何我是首選

INVEST
自我栽培，釋放潛力

六個練習，盤點自己擁有的資源，以及該如何善用這些資源。

練習 7 盤點我的可支配所得（內文 P.068）

請攤開存摺與帳單，認真檢視過收支後，寫下自己的可支配所得運用計畫。

今天的日期是＿＿＿＿＿＿，目前每月收入是＿＿＿＿＿＿＿，可支配所得大約＿＿＿＿＿＿。

每月可支配所得的用途主要是：

可支配所得的用途與占比：

練習 8 盤點創造收入的方法（內文 P.079）

試著盤點自己創造收入的方法吧,請列出最少 10 種創造收入的方法與預期的收入範圍:

練習 9　我的收入成長計畫（內文 P.086）

　　檢視過創造收入的方法後，你可以為自己設定一個三～六個月的計畫，去快速驗證這些增加收入的方法。若你還沒有一項足以自豪的專業，我會建議你把收入成長計畫設定為一年。問自己一年後你希望自己能值多少錢？研究在你的專業領域中，領這種薪水的人擁有什麼樣的能力與經驗。接下來這一年你要做的事，就是讓自己有那樣的能力，並累積好對應的經驗。

1. 我預計透過＿＿＿＿＿＿＿＿來提升收入＿＿＿＿＿＿元。
   我的計畫是

2. 我預計透過＿＿＿＿＿＿＿＿來提升收入＿＿＿＿＿＿元。
   我的計畫是

3. 我預計透過＿＿＿＿＿＿＿＿來提升收入＿＿＿＿＿＿元。
   我的計畫是

練習 10　我的個人資產盤點（內文 P.093）

本練習的主要任務是個人資產盤點，你可按以下表格進行盤點：

	有形資產	無形資產
可支配		
有機會資產（尚無法支配）		

練習 11 找出生活中最耗能的事（內文 P.101）

請嘗試找出生活中最耗能的事項,並運用商業思維,考慮自己擁有的資源,設法排除這些耗能的項目,讓個人精力的運用更加有效率。

練習 12 打造我的行動計畫（內文 P.111）

請為自己設定一個短期目標（季度或是月度目標），確立關鍵結果後，再安排具體行動方案。

我的季度目標

目標 （Objectives）	
關鍵結果 （Key Result）	
行動方案 （Action Plan）	

SHAPE
定位自己,打造產品

六個練習,確立自己想要的個人品牌形象,並擬定打造品牌的計畫。

練習 13 我的個人品牌宣言(內文 P.124)

讓我們用一段個人品牌宣言來介紹自己。

個人品牌宣言可包含個人信仰,有可能是源自於你的價值觀,也可能是人生信念,同時應該涵蓋你希望連結的關鍵字,組成一段用來介紹自己的文字內容。這段文字可能是放在社群媒體上的「關於我」,也可能是受邀演講時的自我介紹內容。

我的個人品牌宣言:

練習 14 設定我的目標用戶（內文 P.135）

請大家思考一個問題，如果有一個用戶對象是你現在最想溝通的，那他會是誰？

有可能是你的客戶，你希望讓他買單你的產品或服務；有可能是你的老闆，你希望讓他看見你、重用你，讓你獲得更多機會；有可能是某個領域的大神，你希望跟他建立關係；有可能是你的另一半，你希望能改善彼此的關係。總之，接下來這段時間，你最想讓「誰」知道自己的價值，最希望讓誰對「自己」感到滿意，把那個人的名字寫下來。

接下來一段時間，我最重要的用戶是＿＿＿＿＿＿＿＿＿＿

因為

練習 15　研究我的目標用戶（內文 P.143）

前面的練習，我們確立了最重要的目標用戶。接下來，請先針對你對對方的了解，寫下你的假設。

需求項目（是什麼）	原因（這需求存在的原因）

我認為他的主要需求是

練習 16 打造我的銷售提案（內文 P.155）

研究過目標用戶後，請嘗試替對方寫一份銷售提案，說明自己可以如何協助對方解決他的需求問題。

需求：

需求項目（是什麼）	原因（這需求存在的原因）

我偏好的方案：

原因：

練習 17 制訂我的最佳解決方案（內文 P.164）

延續前一練習，請以最終解決方案為例，填寫你的行動計畫：

目標 （Objectives）	
關鍵結果 （Key Result）	
行動方案 （Action Plan）	

練習 18　試擬我的產品原型（內文 P.171）

請在下表中填入,在對用戶提供產品時,哪些事是你一定會做的,哪些又是一定不會做的:

Do(s)	Don't(s)
(範例)傾聽用戶的真實聲音	(範例)同等重視每個人的意見

IMPACT
向世界呼喊,擴大影響力

　　六個練習,找出能發揮自己影響力的途徑,包括通路、圈子,最重要的是要懷抱利他的念頭。

練習 19 **確認我的早期用戶**(內文 P.184)

　　請嘗試思考,在能做、想做與市場需求這三件事中,是否有交集的領域,並寫下這些潛在的早期用戶是誰。

練習 20　籌備我的產品發布會（內文 P.196）

請為自己籌備一場產品發布會，會前你需要先做兩件事：

1. 定義你的溝通對象是誰。
2. 你想要達成的目的是什麼。

接著，請動手寫下產品發布會逐字稿，內容大約 500～750 字，約兩三分鐘的內容，內容可以包含以下項目：

1. 你是誰？
2. 你有什麼值得大家留意之處？
3. 你對溝通對象的需求與痛點的理解。
4. 為何你可以協助對方？
5. 有哪些問題時可以來找你？
6. 為何你會是最好的選擇？
7. 呼籲行動。

除第一項的你是誰，以及第七項的呼籲行動外，其他項目可以按狀況自己調整或增加，但請務必將整段內容限制在 750 字以下，也就是語速每分鐘 250 字下，用 3 分鐘左右念完。

產品發布會大綱或草稿：

練習 21　盤點我的觸及範圍（內文 P.203）

　　通路，是以銷售為目的，可以讓你直接接觸到核心用戶；圈子，是以建立連結為目的，可以讓你有機會藉由他人引薦而接觸到核心用戶。

　　請想想看，你身在哪些圈子裡？又擁有哪些通路呢？

我的通路：

通路名稱	能接觸到的潛在受眾人數

我所在的圈子：

圈子名稱	圈子的特色

練習 22 進一步檢視我的圈子（內文 P.212）

　　找到一個好的圈子，就可以在圈子內建立很多好的人脈。當圈子內有你想要的東西，你也具備加入圈子的資格，同時在價值觀上也與你相符，那就是適合你的好圈子。請進一步檢視，自己應該加入或鞏固的圈子有哪些？

我想要加入或鞏固的圈子：

圈子名稱	圈子的特色

練習 23　我的影響力計畫（內文 P.218）

前一個練習我們確定了自己所需的圈子,接下來,請擬定在圈內發揮影響力的計畫。

我想要在以下的圈子,以活動、演講、寫作等形式建立影響力,而進行的頻率可能是每天、每週、每月或每年:

圈子	形式	頻率

練習 24 我的利他計畫（內文 P.227）

為了對他人有所幫助，現在的我能做到哪些事？

OUTLOOK
迎向未來，長線思考

四個練習，幫助自己將目光放遠，思考更長期的發展。

練習 25 **我的長線規劃**（內文 P.234）

要嘗試思考長期發展，第一個步驟，請先想想五年後期望成為什麼樣的自己？接下來，請嘗試開始規劃一些現在就能開始的小改變，讓目標變得可行。

對五年後自己的想像：

我立即要展開的行動：

練習 26 盤點做決定的勇氣（內文 P.249）

永遠別只看著眼前的機會，而是讓自己習慣接觸更多的機會，要做決定時才不會因為資訊不足而擔心害怕。

機會其實遠比想像的多很多，因此請試著想想看：現在的我是否應該維持現狀？

選擇維持現狀，我的風險會是什麼？

假如想要換工作或暫時休息，現有的餘裕（尤其是財務餘裕）情況如何？

練習 27　畫出我的時間帳戶分配圖（內文 P.259）

請嘗試用時間帳戶來評估自己的狀況，假如工作、生活與個人目標三者比例失衡，就要考慮給自己「休耕期」，嘗試調整狀態。

請在下方圓形圖中畫出自己的時間分配圓餅圖，分成生活、工作與個人目標三大類。

練習 28　盤點困境與轉機（內文 P.271）

當走到人生窘局時，與其僵在原地不知所措，不妨思考如何破局，或者重啟新局。這時候，請使用以下的提問來協助自己判斷。

我現在面臨的最大困境是？

這件事會有轉機嗎？

我能等到轉機出現的那天嗎？

對於轉機，我能做些什麼？

NURTURE
滋養自己，回歸內心平靜

四個練習，幫自己騰出內心餘裕，創造改變的可能性。

練習 29　盤點五種餘裕狀態（內文 P.282）

請嘗試盤點自己的五種餘裕——時間、財務、生理、心理與注意力。用 10 分做為每一種餘裕的負荷上限，然後自我評估一下目前的實際負荷大概是多少。5 分以下代表具有充分餘裕，6～7 分代表已接近飽和，需要多加留意，8 分代表已接近臨界點，需要控制，9 分以上請當機立斷立刻調整。

- 時間餘裕：＿＿＿＿/10，我的感覺是

- 財務餘裕：＿＿＿＿/10，我的感覺是

- 生理餘裕：＿＿＿＿/10，我的感覺是

- 心理餘裕：＿＿＿＿/10，我的感覺是

- 注意力餘裕：＿＿＿＿/10，我的感覺是

練習 30　寫下我現在該做的「可控制的事」

（內文 P.296）

假如我們對現狀有不滿之處，這時候首先得意識到：自己所遭遇的問題，不會有人幫忙解決，只有做些什麼，才能改變現狀。請盤點一下，目前是否有想要改變的問題？

我現在想改變的有哪些問題？

要改變這些問題，我該做什麼事？

練習 31　反思我的「該被討厭的重要時刻」

（內文 P.304）

當我們在重要時刻做決定時，即使可能討人厭，也要嘗試做出自己真正想要的抉擇。請寫下那些應該勇於被討厭的重要時刻。

練習 32　再次寫封信給一年後的自己（內文 P.313）

請回顧本書每一堂課後的實作與反思,並讓自己沉澱一下,然後再次動筆寫封信給一年後的自己。

To：一年後的＿＿＿＿＿＿

From：＿＿年＿＿月＿＿日的＿＿＿＿＿＿